Projets FPGA pour les Électroniciens

Projets FPGA
Pour les Électroniciens

El Houssain AIT MANSOUR

Copyright © 2018 El Houssain AIT MANSOUR

Tous les droits réservés.

ISBN-13: 978-1985170384
ISBN-10: 1985170388

A ma très chère mère et mon très cher père qui n'ont cessé de m'encourager ainsi que tous les membres de ma famille sans aucune exception.

À propos

EH. AIT MANSOUR : Docteur en électronique et instrumentation scientifique à l'Observatoire de Paris en 2018. Titulaire d'un diplôme d'ingénieur en électronique mention traitement de signal et d'image à l'ENSEIRB-MATMECA de Bordeaux en 2012 et un master de recherche en électronique et instrumentation à l'université de Caen basse Normandie en 2014. Passionné d'électronique depuis son plus jeune âge, ayant des solides expériences en développement FPGA (VHDL) et programmation des microcontrôleurs 8/16/32 bits en C.

Ma première expérience avec la rédaction technique a commencée avec le livre « Langage C et VHDL pour les débutants ». J'ai comme objectif de banaliser la conception des systèmes électroniques complexes & aider ses lecteurs [Ingénieurs, Techniciens ou Amateurs] à développer une expertise, à travers des projets dans le domaine de l'électronique numérique et traitement numérique du signal sur cible FPGA/Micro (C/VHDL).

Objectifs & Perspectives en long terme:

- Niveau 1 -

1. Savoir comment simuler, synthétiser et implémenter un code sur FPGA
2. Savoir comment choisir les pins physiques du FPGA pour son design
3. Comprendre la notion du timing de son design
4. S'initier à l'étude qualitative et d'optimisation de son design
5. Savoir manipuler les architectures multi-processus
6. Savoir manipuler les machines à états
7. Savoir créer des briques de base réutilisables sur d'autres projets
8. Savoir comment manipuler les différents périphériques du kit de développement
9. Savoir utiliser l'outil IP Core
10. Savoir tester son design et manipuler des fichiers de données
11. Savoir développer des interfaces de contrôle pour les capteurs
12. Savoir gérer le flux de données et le stockage en mémoire

- Niveau 2 -

1. Savoir synthétiser un filtre sur FPGA (de Matlab au FPGA)
2. Savoir utiliser l'IP de la FFT
3. Savoir implémenter un corrélateur complexe à FFT
4. Savoir récupérer les données par son ordinateur de la carte FPGA
5. Savoir interfacer un capteur avec FPGA
6. Savoir utiliser des architectures FPGA+Micro+Capteurs
7. Savoir acquérir des données rapides par FPGA
8. Savoir effectuer le calcul en virgule fixe sur FPGA

9. Savoir manipuler les flux de données (débit, quantité, synchronisation, mise en paquet, Etc)
10. Savoir gérer des architectures Multi-cadences
11. Savoir discrétiser une loi de commande (Fonction de transfert)
12. Savoir générer des signaux (type, bande, amplitude)

- Niveau 3 -

1. Savoir discrétiser, implémenter et optimiser un algorithme sur FPGA
2. Savoir travailler avec des projets Hybrides (Microcontrôleurs, FPGA, capteurs, Etc)
3. Savoir implémenter un modulateur/démodulateur sur FPGA
4. Se familiariser avec l'accélération matérielle
5. Les réseaux de neurones.
5. Etc.

- Niveau 4 -

Savoir tout faire avec FPGA & Micro!

Pour les intéressés des échanges avec notre équipe, d'autres projets pratiques ou des articles dans le domaine de l'électronique (Électronique numérique, Traitement du signal et Instrumentation), vous êtes les bienvenues sur votre blog www.electronique-mixte.fr. Ce dernier va vous permettra:

- Un apprentissage rapide d'électronique mixte à travers des cours et exemples
- Une Vielle technologique sur les derniers kits de développement
- D'accéder à un environnement de partage, actif & créatif qui regroupe des projets et nouvelles réalisations

Je tiens de vous remercier de votre confiance et d'avoir choisi (e) notre livre. Grace à vos contributions, je peux financer le matériel (kits de développement, capteurs, Etc) pour les nouveaux projets. Je suis entièrement disponible par émail (livres[at]electronique-mixte.fr) pour répondre à vos questions, remarques ou des éventuelles améliorations concernant le contenu du livre.

1. Introduction

"Un intellectuel assis va moins loin qu'un con qui marche" Michel Audiard. La réussite ne dépend pas de nombres de diplômes obtenus, mais de votre capacité à passer à l'action et de votre discipline. L'ouvrage, est conçu pour vous aider à passer à l'action et se familiariser avec le langage **VHDL** et ses applications.

L'électronique évolue à grande vitesse et l'autoformation est essentielle pour suivre les nouveautés de ce domaine au niveau logiciel et matériel.

L'ouvrage, commence par la présentation de rappels sur le langage **VHDL,** et vous avez une brève description du kit de développement **Elbert V2 Spartran 3A**. Il représente une boite à outils d'apprentissage à travers **plusieurs projets pratiques** sur **FPGA**. Tous les projets, ont été testés et validés dans un kit de développement pas cher. Les projets, sont accompagnés de codes commentés et plusieurs illustrations graphiques. L'ouvrage, offre gratuitement la possibilité d'accéder aux liens de téléchargement des fichiers projets (Codes VHDL).

Objectifs principaux du livre:

1. Savoir comment simuler, synthétiser et implémenter un code sur FPGA
2. Savoir comment choisir les pins physiques du FPGA pour son design
3. Comprendre la notion du timing de son design
4. S'initier à l'étude qualitative et d'optimisation de son design
5. Savoir manipuler les architectures multiprocessus
6. Savoir manipuler les machines à états
7. Savoir créer des briques de base réutilisables sur d'autres projets
8. Savoir comment manipuler les différents périphériques du kit de développement
9. Savoir utiliser l'outil IP Core
10. Savoir tester son design et manipuler des fichiers de données
11. Savoir développer des interfaces de contrôle pour les capteurs
12. Savoir gérer le flux de donner et stocker en mémoire (RAM,...)
13. Savoir penser en VHDL :)

Et pour finir, vous serez capable, avec un **peu de pratique,** de réaliser **n'importe quel projet sur FPGA**.

Liste des projets:
1. Registre à décalage générique
2. Compteur binaire générique
3. Gestion d'afficheurs 7 Segments
4. Commande d'un moteur pas à pas
5. Détecteur des crêtes
6. Détecteur de séquence (Sérialiseur)
7. Détecteur de seuil (Avec filtrage)
8. Détecteurs de personne (PIR)
9. Commande d'un moteur à courant continu (PWM)
10. Effet audio : Echo (IP Core)

Tableau des matières

1. Introduction 8
2. Introduction au langage VHDL et les outils de développement 15
    2.1. Rappel sur le langage VHDL 15
        2.1.1. C'est quoi le langage VHDL 15
        2.1.2. La structure du programme en VHDL 16
            2.1.2.1. Les niveaux d'abstraction 16
            2.1.2.2. Transfert RTL 16
            2.1.2.3. Gate 17
            2.1.2.4. Layout 17
        2.1.3. Description du modèle – Behavioral Comportemental 18
        2.1.4. Signaux, Variables et Constantes 23
            2.1.4.1. Les variables 23
            2.1.4.2. Les signaux 24
            2.1.4.3. Les constantes 25
        2.1.5. Les méthodes de description en VHDL 25
            2.1.5.1. Introduction 25
            2.1.5.2. La description comportementale 26
            2.1.5.3. Les processus 26
            2.1.5.4. La description flot de donnée 27
            2.1.5.5. La description structurelle 28
        2.1.6. Les machines à état (FSM) 32
            2.1.6.1. Introduction 32
            2.1.6.2. La machine de Moore 34
            2.1.6.3. Machine de Mealy 35
            2.1.6.4. Synthèse d'une machine à état en VHDL 36
    2.2. Outils de développement 41
        2.2.1. FPGA Spartran 3A 41
            2.2.1.1. Caractéristiques globales de la famille Spartran 3A 41

  2.2.1.2. C'est quoi le skew ?...44
 2.2.2. Kit Elbert V2 Spartran 3A 45
  2.2.2.1. Caractéristiques du kit Elbert V2 Spartran 3A 45
  2.2.2.2. Interface USB 46
  2.2.2.3. Alimentation 46
  2.2.2.4. Interface VGA 47
  2.2.2.5. Interface carte Micro SD et interface Audio 47
  2.2.2.6. Notions sur le Protocol SD 48
  2.2.2.7. Interface LED et Switch 49
  2.2.2.8. Horloge externe 50
  2.2.2.9. Notion du chemin critique 50
 2.2.3. Installation de programme 51
  2.2.3.1. Procédure de génération du fichier bitstream 51
  2.2.3.2. Procédure de transfert du fichier bitstream 52

3. Projets FPGA 55

3.1. Registre à décalage 55
 3.1.1. Analyse de fonctionnement 55
  3.1.1.1. Introduction 55
  3.1.1.2. Les notions de réinitialisation Synchrone/Asynchrone 56
 3.1.2. Programme 57
 3.1.3. Simulation 59
 3.1.4. Implémentation sur Kit 64

3.2. Compteur binaire 73
 3.2.1. Analyse de fonctionnement 73
 3.2.2. Synthèse en VHDL 74
  3.2.2.1. Programme 74
  3.2.2.2. Simulation 76
 3.2.3. Implémentation sur Kit 78

3.3. Gestion d'afficheur 7 segments 83
 3.3.1. Analyse de fonctionnement 83
  3.3.1.1. Afficheur 7 segments 83

	3.3.1.2.	Décodeur BCD 7 segments 84
	3.3.1.3.	Sélecteur d'afficheur 85
3.3.2.		Synthèse en VHDL 85
	3.3.2.1.	Description de l'entité 85
	3.3.2.2.	Programme VHDL 86
	3.3.2.3.	Syntaxe de la fonction when 87
	3.3.2.4.	Simulation 88
3.3.3.		Implimentation sur Kit 89

3.4. Commande d'un moteur pas à pas 92

3.4.1.		Analyse de fonctionnement 92
	3.4.1.1.	Introduction 92
	3.4.1.2.	Fonctionnement d'un moteur pas à pas 92
	3.4.1.3.	Caractéristiques techniques du moteur pas à pas 93
	3.4.1.4.	Caractéristiques techniques du driver ULN2003 94
3.4.2.		Synthèse en VHDL 95
	3.4.2.1.	Fonctionnement 95
	3.4.2.2.	Programme VHDL 98
	3.4.2.3.	Simulation 100
3.4.3.		Implémentation sur Kit 101

3.5. Détection de la valeur maximale et minimale 103

3.5.1.		Introduction 103
3.5.2.		Analyse de fonctionnement 103
3.5.3.		Synthèse VHDL 105
	3.5.3.1.	Programme 105
	3.5.3.2.	Simulation 106
3.5.4.		Implémentation sur Kit 107

3.6. Détecteur de séquence 109

3.6.1.		Analyse de fonctionnement 109
3.6.2.		Synthèse VHDL 110
	3.6.2.1.	Programme 110
	3.6.2.2.	Simulation 112

    3.6.2.3. Programme complet : 114

   3.6.3. Implémentation sur Kit 115

3.7. Détecteur de seuil moyen 117

   3.7.1. Analyse de fonctionnement 117

      3.7.1.1. Introduction 117

   3.7.2. Générateur pseudo-aléatoire 117

      3.7.2.1. Synthèse en VHDL 119

      3.7.2.2. Fonctions principale de la gestion des fichiers 121

   3.7.3. Le filtre de la moyenne glissante 124

      3.7.3.1. Introduction 124

      3.7.3.2. Implimentation du filtre sur FPGA 126

      3.7.3.3. Exemple de calcul d'une moyenne glissante 126

      3.7.3.4. Synthèse VHDL 128

   3.7.4. Circuit détecteur de seuil 132

      3.7.4.1. Analyse de fonctionnent 132

      3.7.4.2. Synthèse en VHDL 133

   3.7.5. Test du projet global 134

      3.7.5.1. Programme 135

      3.7.5.2. Simulation 136

   3.7.6. Implimentation sur kit 138

3.8. Détecteur de personne 140

   3.8.1. Introduction 140

   3.8.2. Fonctionnement du détecteur PIR 140

   3.8.3. Analyse de fonctionnement 141

      3.8.3.1. Détecteur et compteur d'événement 142

   3.8.4. Temporisateur programmable 145

      3.8.4.1. Fonctionnement 145

      3.8.4.2. Programme 147

      3.8.4.3. Programme complet 150

   3.8.5. Projet global 153

      3.8.5.1. Programme 154

3.8.5.2.	Simulation	154
3.8.6.	Implémentation sur Kit	156

3.9. Commande d'un moteur à courant continu **158**

3.9.1.	Introduction	158
3.9.2.	Fonctionnement d'un moteur à CC	159
3.9.3.	Notion de variation de vitesse	160
3.9.4.	Principe du générateur PWM	161
3.9.5.	Synthèse en VHDL	162
3.9.5.1.	Générateur du signal triangulaire	162
3.9.5.2.	Programme	164
3.9.6.	Synthèse du projet complet	164
3.9.6.1.	Fonctionnement	164
3.9.6.2.	Programme de comparateur	165
3.9.6.3.	Programme de générateur d'horloge	166
3.9.6.4.	Programme principale et instanciation des composants	167
3.9.6.5.	Simulation	168
3.9.7.	Implimentation sur le kit	169

3.10. Générateur d'effet d'écho (Effet audio) **172**

3.10.1.	Introduction	172
3.10.2.	Synthèse en VHDL	174
3.10.2.1.	Comment Ajouter un IP de Xilinx	175
3.10.2.2.	Etapes d'ajout d'un IP existant	175
3.10.2.3.	Programme	181
3.10.2.4.	Simulation	183

4. Index **188**

2. Introduction au langage VHDL et les outils de développement

2.1. Rappel sur le langage VHDL

2.1.1. C'est quoi le langage VHDL

VHDL est l'acronyme de Very High Speed Integrated Circuit Hardware Description Language (VHSIC HDL) et c'est un langage de description des circuits logiques. La description matérielle utilise les circuits logiques et configurables PLD (Programmable Logic Device) comme FPGA (Field Gate Array). Le langage VHDL, a été créé dans les années 1980 à la demande du département de la défense américaine (DOD).

La première version du langage VHDL était accessible au public depuis 1985. Elle a fait l'objet d'une norme internationale en 1986 par l'institut IEEE des ingénieurs électriciens (Institute of Electrical and Electronics Engineers). Le format général du langage VHDL est basé sur le concept des Blocks ou unités de conception VHDL. Les blocks sont équivalents à des fonctions logiques facilement décrites par le langage.

La figure 1 [Source : Wilson Research Group and Mentor Graphics, 2014 Functional Verification Study] illustre les langages de conception FPGA dans des projets électroniques. On constate que le langage VHDL et Verilog sont les plus populaires dans l'industrie de description matérielle sous FPGA. Le langage Verilog peut prendre la place du langage VHDL dans les prochaines années.

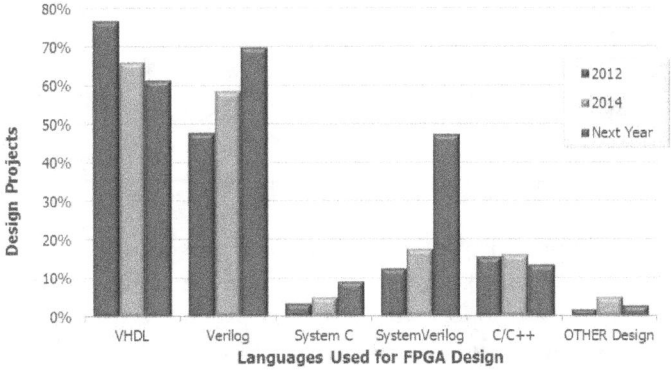

Figure 1 : Langages de conception FPGA des projets électroniques

La concurrence actuelle dans le marché des FPGA est amère. La raison devient plus évidente quand on regarde les chiffres actuels du marché. Les acteurs actuels des FPGA sont : Xilinx, Altera, Lattice et Actel. Le constructeur Altera gagne quelques pourcents du marché mondial depuis l'année 2009.

2.1.2. La structure du programme en VHDL

2.1.2.1. Les niveaux d'abstraction

Le langage VHDL, peut être utilisé pour décrire une architecture matérielle à différents niveaux d'abstraction. Lors d'étude du langage VHDL pour FPGA/ASIC, il est utile d'identifier et de comprendre les quatre niveaux d'abstraction. Ces derniers, sont illustrés dans la figure 2 :

- Comportemental (Behavioral)
- Transfert RTL (register-transfer level)
- Portes logiques (Gate)
- Interconnexion et routage entre les cellules (Layout)

La description fonctionnelle du modèle (Algorithme) utilisée dans le premier niveau de conception VHDL, pour être en mesure d'exécuter rapidement la simulation du modèle, elle est également utilisée pour définir les programmes de test (Test banches).

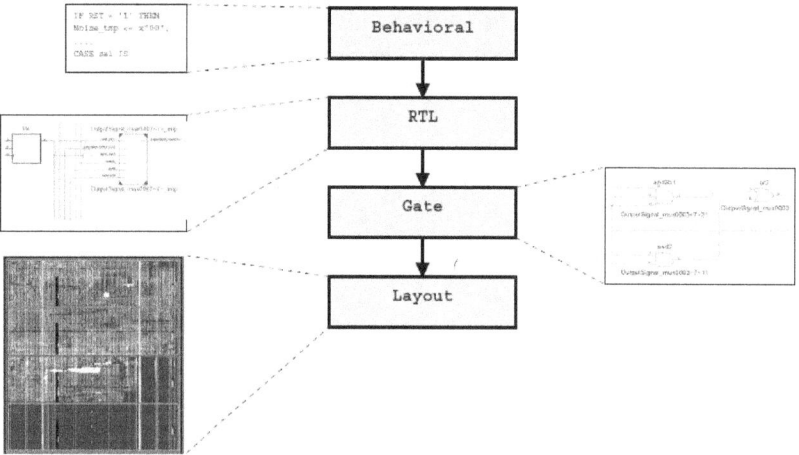

Figure 2 : Les niveaux d'abstraction

Un algorithme pur se compose d'un ensemble d'instructions qui sont exécutées en séquence pour accomplir une tâche. Un algorithme pur n'a ni horloge ni les retards détaillés (absence des contraintes physiques des composants). Certains aspects de synchronisation peuvent être déduits de l'ordonnancement des opérations dans l'algorithme.

Note : Il existe des modèles simulables mais qui ne sont pas synthétisables, comme dans le cas du code VHDL destiné au test fonctionnel du composant.

2.1.2.2. Transfert RTL

Une description RTL dispose d'une horloge explicite dans les systèmes complexes. Toutes les opérations sont programmées pour se produire dans des cycles d'horloge spécifiques, mais il n'y a pas de retards détaillés (ci-dessus le niveau du cycle). On trouve dans le commerce, des outils de synthèse qui permettent une certaine liberté à cet égard.

Une horloge globale unique n'est pas obligatoire mais peut être préférée. En revanche, le recalage (la resynchronisation entre blocks constituant le programme) est une fonctionnalité qui permet aux opérations de s'aligner à travers les cycles d'horloge (synchronisation). La description est subdivisée en deux catégories : Les circuits combinatoires et les circuits séquentiels (circuits à mémoire, flip-flops et latches) contrôlés par une horloge.

Note : L'accumulation des retards entre les blocks, peut produire la désynchronisation de l'horloge. Ce phénomène est accentué dans les systèmes contraignants en temps (horloge haute fréquences de quelques centaines de MHz). Une phase de resynchronisation est nécessaire dans ces conditions.

2.1.2.3. Gate

La description niveau porte (Gate), est représentée souvent par des portes (AND, OR, NOT, ...) et les éléments séquentiels. La particularité de ce niveau de conception est l'intégration des retards physiques et les contraintes temporelles pour chaque composant.

Le niveau porte est l'étape qui permet de passer de la description RTL du circuit à la description au niveau portes logiques (Gate netlist). Au préalable, une libraire cible de portes logiques doit être disponible. Celle-ci rassemble généralement plusieurs centaines de circuits logiques (portes ET, OU, circuits séquentielles, ...etc). Cette libraire, dépend de la technologie cible (Ex : 0,18 um, ...) et la façon de fabrication du composant (les règles de dessin des cellules dépendent du procédé de fabrication).

L'utilisateur doit fournir aussi des contraintes de synthèse comme :
- La fréquence de fonctionnement du circuit;
- Les conditions comme la dynamique de la tension d'alimentation, la température de fonctionnement et les délais de traversée des portes;
- Les contraintes de temps de départ et d'arrivée sur les entrées primaires et secondaires du circuit;
- Etc.

2.1.2.4. Layout

C'est l'étape finale de la conception FPGA / ASIC. Les différentes cellules sont placées et routées dans le circuit. Après l'étape de vérification, le circuit sera prêt à être envoyé au processus de production. La figure 3 montre exemple d'emplacement et les interconnexions entre blocs d'un circuit numérique.

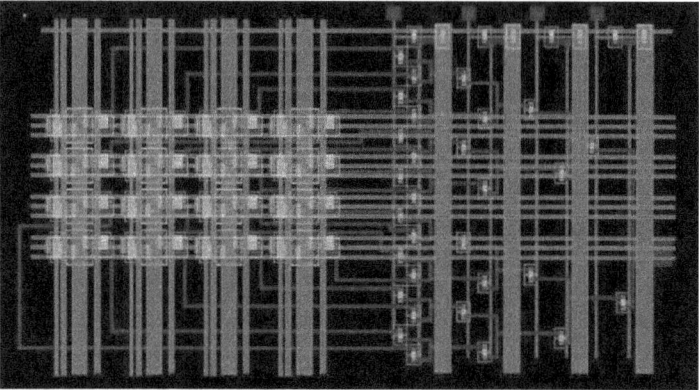

Figure 3 : Custom-Layout FPGA

Nous avons vu les niveaux de conception FPGA / ASIC. Le premier niveau, sert à modéliser le fonctionnement et le comportement théorique de l'algorithme. Les niveaux supérieurs permettent d'affiner le modèle en intégrant des contraintes temporelles et physiques (délais, alimentation, technologie, ...). Dans la dernière étape de conception, les différentes cellules sont placées, routées et le circuit est prêt à être envoyé en production.

Dans la suite de l'ouvrage, on va particulièrement s'intéresser aux deux premiers niveaux d'abstraction pour les prototypes des projets électroniques à base du FPGA.

2.1.3. Description du modèle – **Behavioral Comportemental**

On considère que le circuit utilise la technologie CMOS CD4000B comme illustré dans la figure 4. Il est constitué de 7 entrées (A, B, C, D, E, F et G) et trois sorties (H, K et L) sur 1 bit. Les relations logiques qui relient les entrées et les sorties sont les suivantes :

$$H = \overline{A + B + C}$$

$$K = \overline{D + E + F}$$

$$L = \overline{G}$$

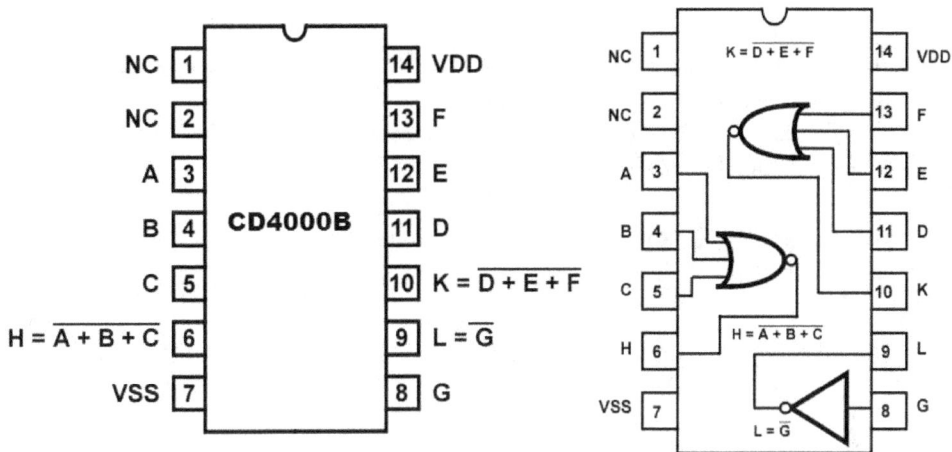

Figure 4 : Double 3-entrées NOR et Inverseur

La description en VHDL du circuit CD4000B :

```
library IEEE;
use IEEE.STD_LOGIC_1164.ALL;
--------------------------------------------
entity CI4000B is
Port (
    A : in      STD_LOGIC;
    B : in      STD_LOGIC;
    C : in      STD_LOGIC;
    D : in      STD_LOGIC;
    E : in      STD_LOGIC;
    F : in      STD_LOGIC;
    G : in      STD_LOGIC;
    H : out     STD_LOGIC;
    K : out     STD_LOGIC;
    L : out     STD_LOGIC
);
end CI4000B;
--------------------------------------------
architecture Behavioral of CI4000B is
begin
    H <= NOT (A OR B OR C);
    K <= NOT (D OR E OR F);
    L <= NOT(G);
end Behavioral;
```

Le programme est constitué de trois rubriques importantes :

- Libraires
- Entité
- Architecture

Libraries en VHDL :

```
library IEEE;
use IEEE.STD_LOGIC_1164.ALL;
```

Les bibliothèques VHDL nous permettent de stocker des entités couramment utilisées et que nous pouvons utiliser dans nos programmes VHDL. Un fichier de package VHDL contient des éléments de conception communs que nous pouvons utiliser dans les fichiers source VHDL qui composent notre conception.

Note : Vous pouvez créer des bibliothèques VHDL, des fichiers de package et déplacer les fichiers d'une bibliothèque à l'autre. La bibliothèque IEEE, contient plusieurs définitions de package normalisées utilisables dans tous les environnements VHDL. Nous utiliserons souvent les packages de l'IEEE illustrés dans le tableau de la Figure 5.

Bibliothèque	Package	Contenu
IEEE	std_logic_1164	les types de données standard (bit, octet, numéros, ...)
IEEE	std_logic_arith	signées et non signées convertisseurs des types
IEEE	std_logic_signed	nombres signés seulement
IEEE	std_logic_unsigned	nombres non signés seulement
STD	STANDARD	types très basiques (BIT)
STD	TEXTIO	définitions pour l'utilisateur d'E / S, les messages d'impression

Figure 5 : Bibliothèques et Packages en VHDL

Déclaration d'une entité :

```
entity CI4000B is
Port (
    A : in      STD_LOGIC;
    B : in      STD_LOGIC;
    C : in      STD_LOGIC;
    D : in      STD_LOGIC;
    E : in      STD_LOGIC;
    F : in      STD_LOGIC;
    G : in      STD_LOGIC;
    H : out     STD_LOGIC;
    K : out     STD_LOGIC;
    L : out     STD_LOGIC
);
end CI4000B;
```

Une entité est le module matériel du composant (Voir l'exemple ci-dessus) ayant un nom unique. La première ligne d'une entité indique le nom du circuit, "CI4000" dans notre exemple. La déclaration d'une entité nécessite :

- De spécifier les ports d'entrée et de sortie et les types de données sur ces ports ;
- Une Déclarations facultatives « génériques » afin de pouvoir inclure les diverses valeurs par défaut et une liste des paramètres utiles lors de la simulation.

La syntaxe de la déclaration des E/S en VHDL est la suivante :

NOM_PORT : MODE TYPE;

Le **MODE** d'un port peut être :

- **IN** : Entrée ;
- **OUT** : Sortie ;
- **INOUT** Entrée / Sortie ;
- Un **BUFFER** : Signal de sortie utilisé comme une entrée dans la description.

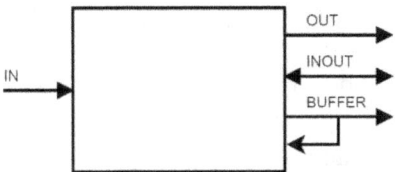

Figure 6 : Modes des ports de l'entité

TYPE : Le langage VHDL est un langage typé. Il est nécessaire d'indiquer le type de donnée de l'objet manipulé. On verra dans la section suivante, les différents types existants en VHDL.

Exemple de déclaration des paramètres génériques dans l'entité :

```
------------------------------------------
entity OR4 is
 generic
    (
        N : positive range 0 to 3
    );
 port
    (
        A: in      std_logic_vector(N-1 downto 0);
        B: in      std_logic_vector(N-1 downto 0);
        S: out     std_logic_vector(N-1 downto 0)
    );
end entity OR4;
...
------------------------------------------
```

La déclaration d'une entité peut avoir plusieurs déclarations d'architecture. Vous pouvez tester une entité avec plusieurs architectures différentes et vous pouvez sélectionner la conception du couple (entité, architecture) à utiliser dans une simulation.

La déclaration des paramètres génériques permet de simuler les effets de ses derniers sur le design (fréquence maximale, nombre de cellule, débit maximal, la consommation électrique …).

La Déclaration de l'architecture :

La déclaration de l'architecture spécifie ce qui est à l'intérieur de l'entité. L'architecture comprend le modèle et les opérations logiques constituant le circuit numérique.

```
architecture Behavioral of CI4000B is
begin
    H <= NOT (A OR B OR C);
    K <= NOT (D OR E OR F);
    L <= NOT(G);
end Behavioral;
```

La syntaxe de la déclaration d'une architecture en VHDL :

```
architecture NOM_ARCH of NOM_ENTITY is
begin
     Inst 1 ;
     Inst 2 ;
     Inst 3 ;
     Inst 4 ;
     ...
end NOM_ARCH;
```

Les caractéristiques de la syntaxe d'un programme en VHDL :

- Insensible à la casse : Pas de différentiation entre majuscules et minuscules ;
- Format libre ;
- Toute phrase termine par un point virgule ;
- Le début d'un commentaire est signalé par un double trait (–) ;
- Le commentaire termine avec la fin de la ligne ;
- Toute donnée traitée par le VHDL, doit être déclarée comme constante, variable ou signal (à voir dans la partie sur : La gestion des données en VHDL).

La Conversion des types :

Les types de données doivent être convertis lorsque les données d'un objet sont déplacées dans les données d'un autre objet (du type de données du premier objet en type de données du deuxième). Le VHDL est fortement typé et il est indispensable que les deux objets (signaux, variables, etc.) en opération soit du même type de données.

- V   : Vecteur ;
- I   : Entier (Integer) ;
- U   : Entier non signé (Unsigned) ;
- S   : Entier signé (Signed).

Les fonctions de conversion / transtypage entres les types :

- Signed ! std_logic_vector : std_logic_vector(S)
- Signed ! Integer : to_integer (S)
- Integer ! Signed : to_signed(I, S'length)
- Integer ! Unsigned : to_unsigned(I, S'length)
- Unsigned ! std_logic_vector : std_logic_vector(U)
- Unsigned ! Integer : to_integer(U)
- Std_logic_vector ! Unsigned : unsigned(V)
- Std_logic_vector ! Signed : signed(V)

Syntaxes et types de données :

- CONV_INTEGER (signal / variable, #bits)
- CONV_UNSIGNED (signal / variable, #bits)
- CONV_SIGNED (signal / variable, #bits)
- CONV_STD_LOGIC_VECTOR (signal / variable, #bits)
- [ ] (Le paramètre "#bits" peut être optionnel)

Remarque :

- La plupart des outils de synthèse logique supportent la conversion des types pour les tableaux et les entiers.

- La plupart des fonctions de conversion se localisent dans le package de std_logic_1164.

2.1.4. Signaux, Variables et Constantes

On distingue trois principales classes d'objets en VHDL :

- Constantes ;
- Variables ;
- Signaux.

Ci-après, vous avez la définition, la manière de déclaration et la particularité de chaque objet.

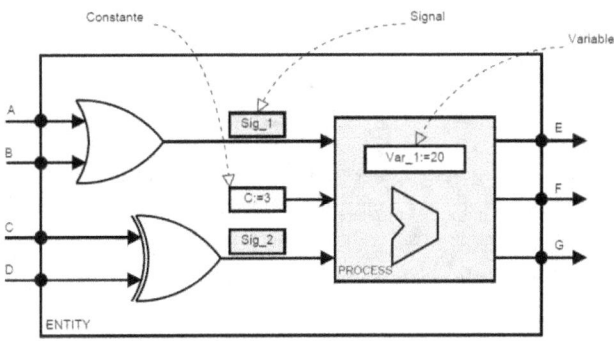

Figure 7 : Disposition des variables et signaux en VHDL

2.1.4.1. Les variables

Une variable est un objet de caractère local (et non pas des signaux physiques). Elle ne peut être déclarée qu'à l'intérieure d'un process (figure 7), d'une procédure et son affectation est immédiate (:=). Par contre, les signaux sont mis à jour à la fin du cycle, donc un retard d'un coup d'horloge.

Syntaxe de déclaration :

$$\textbf{variable nom\_var : type\_var := val\_init ;}$$

Syntaxe d'affectation :

$$\textbf{nom\_var := Value ;}$$

En pratique, on préfère d'utiliser des variables intermédiaires à l'intérieur d'un process, au lieu des signaux intermédiaires. De plus, l'utilisation des variables est moins couteuse en termes de mémoire par rapport à un signal. En plus, une variable étant déclarée à l'intérieur du process (figure 7), on ne la déclare pas dans la liste de sensitivité. On verra dans la suite du chapitre la notion de process en VHDL.

Exemple:

```
....
Signal A, B, SUM : integer ;
Begin
    Process ( A, B)
    Variable VA, VB : integer ;
    Begin
        VA := A ;
        VB := B ;
        SUM <= VA + VA ;
    End process ;
...
```

L'exemple décrit un additionneur à deux entrées et une sortie de type entier. Les variables VA et VB reçoivent instantanément les valeurs de A et B. Par conséquent, le signal SUM est affecté en une itération du process pour chaque changement d'état d'au moins une variable VA ou VB.

2.1.4.2. Les signaux

Les signaux sont des connexions physiques interconnectant les processus (circuits à l'intérieur d'une architecture) (voir la figure 7).

En VHDL, chaque composant peut être décrit comme étant un processus indépendant et tous les processus s'exécutent en parallèles. On verra dans la suite de l'ouvrage, le fonctionnement détaillé d'un process. D'une autre façon, un signal est une modélisation de l'E/S d'un circuit. C'est un signal physique qui change avec le temps.

Syntaxe de déclaration :

signal nom_sig : type_sig :=val_init ;

Syntaxe d'affectation :

nom_sig <= Value ;

À la différence des variables, l'affectation aura lieu à la prochaine itération de la simulation (retard d'un cycle d'horloge). On reprend l'exemple cité précédemment en utilisant des signaux à la place des variables :

```
...
Signal A, B, SUM : integer ;
Signal SA, SB : integer ;
Begin
    Process ( A, B, SA, SB)
    Begin
        SA <= A ;
        SB <= B ;
        SUM <= SM + SN ;
    End process ;
...
```

Le résultat (SUM) est affecté en deux itérations :

- Itération (1) : Le Process affecte SA et SB ;
- Itération (2) : A la fin de l'itération (1), un changement des valeurs SA/SB est réenclenché (SA et SB font partie de la liste de sensibilité) et l'exécution du Process pour que le signal SUM reçoive la somme de SA et SB.

Remarque : Notez bien qu'on ne peut pas déclarer un signal à l'intérieur d'un Process ou d'une procédure et c'est la particularité des variables.

2.1.4.3. Les constantes

L'objet constant est accessible en lecture seul et il permet un accès facile et immédiat à une valeur. Une constante peut être déclarée dans les emplacements suivants : Entité, Process, Procédure ou Fonction. La déclaration des constantes est une technique pratique pour une simulation paramétrée.

Syntaxe de déclaration :

constant nom_const : type_const :=val_init ;

Exemple de déclaration des constantes :

```
...
entity ClkGen is
    GENERIC
    (
        N : positive :=24;
        M : positive :=8
    );
...
------------------------------------------
architecture Beh_ClkGen of ClkGen is
...
CONSTANT Value_1_sec : std_logic_vector(N-1 downto 0):= x"0B8D80";
TYPE    T_DATA is array (0 to 9) of std_logic_vector(M-1 downto 0);
-- Anode commune
CONSTANT SEG_7 : T_DATA :=(
    x"C0",  -- '0'
    x"F9",  -- '1'
    x"A4",  -- '2'
    x"B0",  -- '3'
    x"99",  -- '4'
    x"92",  -- '5'
    x"82",  -- '6'
    x"F8",  -- '7'
    x"80",  -- '8'
    x"90"); -- '9'
...
BEGIN
...
```

Le programme ci-dessus, illustre l'utilisation d'une constante scalaire, puis un tableau de constantes 1Dx1D en utilisant des paramètres génériques. Le tableau des constantes SEG_7 contient 10 éléments (0 à 9) de type std_logic_vector sur M bits (8 bits).

2.1.5. Les méthodes de description en VHDL

2.1.5.1. Introduction

Cette partie présente les différentes techniques de description d'un modèle (architecture) en VHDL. On en cite trois et on peut avoir aussi des architectures mixtes :

- La description comportementale ;
- La description par flot de données ;
- La description structurelle.

Également, on va voir dans cette partie une introduction sur la notion du processus en VHDL et un ensemble des instructions concurrentes et séquentielles.

2.1.5.2. La description comportementale

Une description comportementale fournit un algorithme qui modélise le fonctionnement du circuit. Dans la description comportementale, on utilise des processus, des instructions itératives, séquentielles ou des fonctions concurrentes. Tout circuit peut être modélisé par un ou plusieurs processus qui s'exécutent en parallèle avec la possibilité que chaque processus s'exécute séquentiellement. On va commencer par la définition d'un processus à travers des exemples et on verra l'illustration des différentes fonctions concurrentes en VHDL.

2.1.5.3. Les processus

On utilise souvent les processus en VHDL pour modéliser un système numérique avec la description comportementale. La déclaration d'un processus se trouve à l'intérieure d'une architecture, fonction ou procédure.

La declaration d'un Processus:

```
...
architecture behavioral of circuit_1 is
begin
process_name_1: process (sensivity_list)
begin
    Inst 1 ;
    Inst 2 ;
    if ....
    else ...
    ...
end process process_name_1;
...
```

Une déclaration de processus contient un modèle (succession d'instructions), elle commence par une étiquette (optionnelle), suivie du mot clé "process" et une liste des signaux (sensivity_list). La liste de sensibilité indique les signaux qui vont déclencher l'exécution du processus. La figure 8 illustre une architecture à trois processus indépendants et qui communique les données en parallèle. L'exécution d'un processus peut être séquentielle.

Remarque : La différence majeure entre une fonction séquentielle et une fonction combinatoire (concurrentes) réside dans la capacité de cette dernière de mémoriser des événements antérieurs : une même combinaison des entrées, à un moment donné, pourra avoir différents effets en fonctions des combinaisons précédentes des valeurs des mêmes entrées. Dans les processus, il est possible d'utiliser des structures de contrôle similaires à celles du C :

- Les instructions de test (if, case) ;
- Les boucles (loop, for loop, while loop).

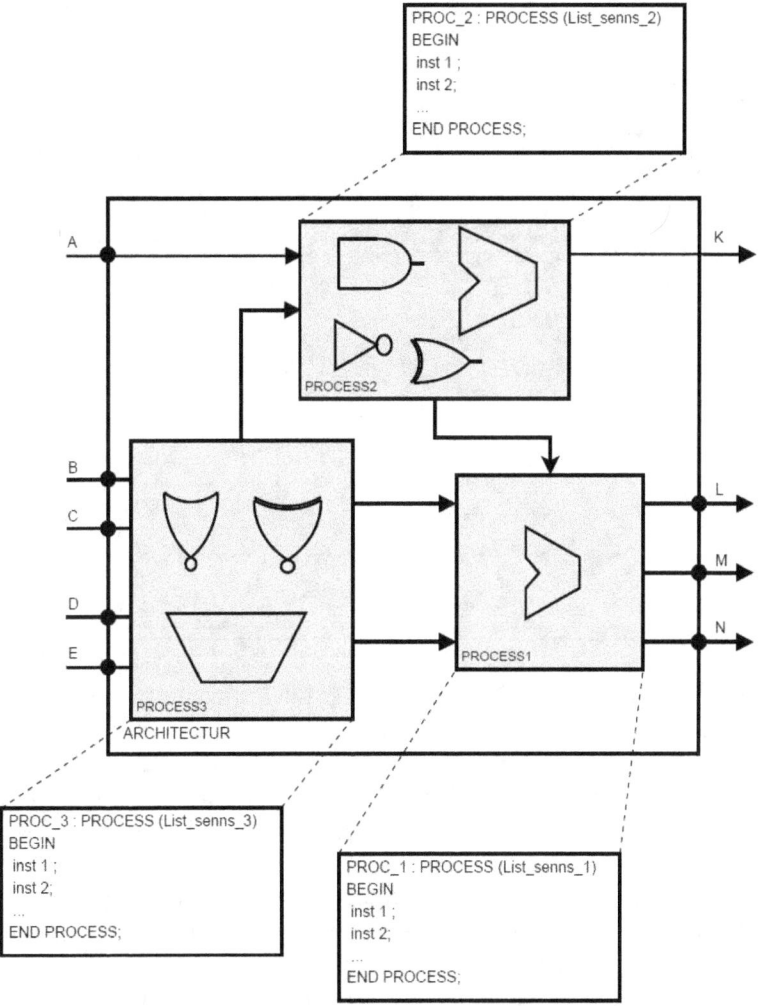

Figure 8 : Architecture multiprocessus

2.1.5.4. La description flot de donnée

La description flot de données est la description des équations logiques combinatoires (concurrentes). Cette description est plus adaptée aux circuits de petite taille.

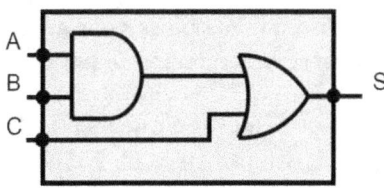

Figure 9 : Exemple de description flot de données

```
library ieee;
use ieee.std_logic_1164.all;
use ieee.std_logic_arith.all;
use ieee.std_logic_unsigned.all;
use ieee.numeric_std;
--------------------------------------------
entity flot_donne is
    Port (
            A : in STD_LOGIC;
            B : in STD_LOGIC;
            C : in STD_LOGIC;
            S : out STD_LOGIC
         );
end flot_donne;
--------------------------------------------
-- Architecture 1
architecture Beh_flotD of flot_donne is
begin
    S<= (A and B) or C ;
end Beh_flotD;
--------------------------------------------
-- Architecture 2
architecture Beh_flotD of flot_donne is
signal sig_and: std_logic :='0';
begin
    sig_and <= A and B;
    S<= sig_and or C;
end Beh_flotD;
--------------------------------------------
-- Architecture 3
architecture Beh_flotD of flot_donne is
begin
    S<= '1' when (A = '1' and B='1') or (C='1') else
        '0' ;
end Beh_flotD;
```

- **Architecture 1** : La description du circuit par des opérations combinatoires (and et or) ;
- **Architecture 2** : La description par la fonction WHEN ELSE. Cette dernière, est une fonction de test qui permet d'affecter une valeur en fonction du test. La fonction WHEN remplace l'écriture IF THEN (ou CASE) avantageusement car elle permet l'imbrication des tests tout en respectant l'aspect combinatoire du programme. Contrairement aux fonctions IF ou CASE qui nécessitent un processus.
- **Architecture 3** : La description par la fonction SELECT. Cette instruction est semblable à la précédente (WHEN) avec en plus une précision préalable du signal sur lequel vont se porter les conditions. La fonction SELECT permet de remplacer un Process simple qui ne contient qu'une boucle IF/CASE avec l'affectation sur un SEUL signal.

2.1.5.5.   La description structurelle

Introduction

La description structurelle en VHDL est un assemblage entre plusieurs composants. On peut structurer et séparer ces composants en petits blocs pour avoir une description simple (voir la figure 9). Les règles de la description structurelle :

- Un composant peut être appelé une ou plusieurs fois dans un même circuit ;
- Pour différencier ces mêmes composants il faut donner un nom d'instance ;
- Un composant peut être générique ou non.

L'opération d'instanciation consiste le câblage « physiques » des divers composants entre eux. La figure 10, est constituée de 4 composants. Pour instancier un composant, il faut connaître:

- Le prototype du composant (ports d'E/S) qui peut être défini par la directive COMPONENT ;
- L'unité de configuration permet de choisir l'architecture utilisée pour chaque instance de composant.

Afin de comprendre les phases de conception d'une description structurelle, on va étudier le circuit de la figure 10.

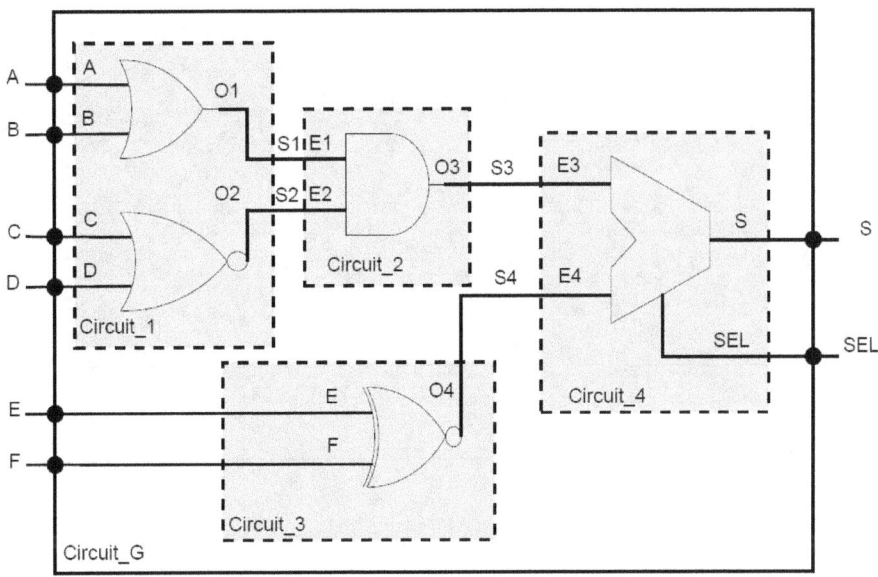

Figure 10 : La description structurelle d'un circuit

Phases de la description structurelle d'un circuit

Les objets de l'architecture globale du circuit :

- Les quatre composants (Circuit_1...4) ;
- Les quatre signaux (S1...S4).

La phase 1 : La description de chaque composant (entité/architecture) indépendant

Composant 1 :

```
library ieee;
use ieee.std_logic_1164.all;
--------------------------------------------
entity Circuit_1 is
    Port(
        A  : in  STD_LOGIC;
        B  : in  STD_LOGIC;
        C  : in  STD_LOGIC;
        D  : in  STD_LOGIC;

        O1 : out STD_LOGIC;
        O2 : out STD_LOGIC
        );
    end Circuit_1;
--------------------------------------------
architecture Behavioral of Circuit_1 is
begin
```

```
        O1 <= A OR B;
        O2 <= C NOR D;
end Behavioral;
```

Composant 2:

```
library ieee;
use ieee.std_logic_1164.all;
--------------------------------------------
entity Circuit_2 is
    Port(
            E1    : in  STD_LOGIC;
            E2    : in  STD_LOGIC;

            O3    : out STD_LOGIC
            );
    end Circuit_2;
--------------------------------------------
architecture Behavioral of Circuit_2 is
begin
        O3 <= E1 AND E2;
end Behavioral;

architecture Behavioral of Circuit_2 is

begin
O3 <= E1 AND E2;
end Behavioral;
```

Composant 3:

```
library ieee;
use ieee.std_logic_1164.all;
--------------------------------------------
entity Circuit_3 is
    Port(
            E : in  STD_LOGIC;
            F : in  STD_LOGIC;

            O4 : out STD_LOGIC
            );
    end Circuit_3;
--------------------------------------------
architecture Behavioral of Circuit_3 is
begin
        O4 <= NOT (E XOR F);
end Behavioral;
```

Composant 4:

```
library ieee;
use ieee.std_logic_1164.all;
--------------------------------------------
entity Circuit_4 is
    Port(
            E3  : in  STD_LOGIC;
            E4  : in  STD_LOGIC;
            SEL : in  STD_LOGIC;
            S   : out STD_LOGIC
            );
    end Circuit_4;
--------------------------------------------
architecture Behavioral of Circuit_4 is
begin
    process(SEL,E3, E4)
    begin
        if(SEL = '0') then
            S<= E3;
        elsif (SEL = '1') then
            S<= E4 ;
        else
            S<= '0';
        end if ;
    end process;
end Behavioral;
```

La phase 2 : Instanciation des composants

L'instanciation d'un composant est une déclaration qui permet d'établir des connexions manuellement entre les circuits. Elle est souvent utilisée pour la description des circuits au haut niveau de la conception. La description structurelle en VHDL définit le comportement en décrivant comment les composants sont connectés. La déclaration d'instanciation relie un composant déclaré avec des signaux de l'architecture.

L'instanciation dispose de 3 éléments clés :

- L'étiquette : L'identifiant unique instance du composant ;
- Le type du composant : La sélection du composant déclaré souhaiter ;
- Le port map : La connexion du composant avec des signaux de l'architecture.

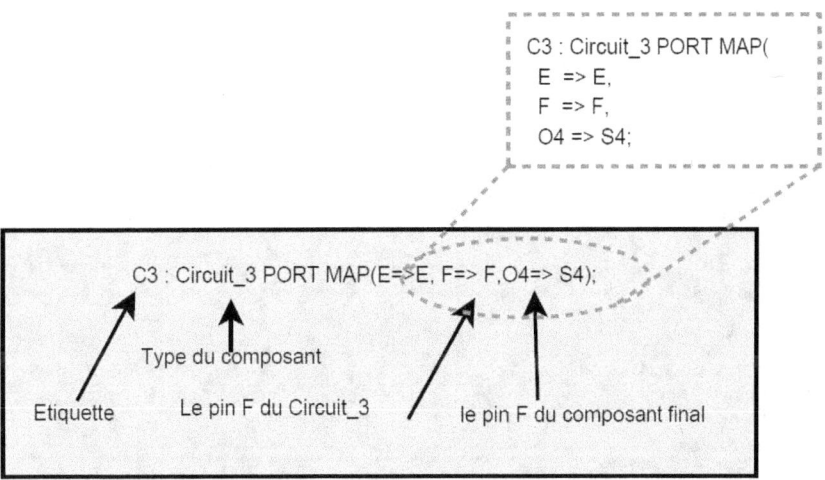

Figure 11 : L'instanciation d'un composant

La description structurelle du circuit :

```
library ieee;
use ieee.std_logic_1164.all;
--------------------------------------------
entity Circuit_G is
    Port(
        A   : in  STD_LOGIC;
        B   : in  STD_LOGIC;
        C   : in  STD_LOGIC;
        D   : in  STD_LOGIC;
        E   : in  STD_LOGIC;
        F   : in  STD_LOGIC;
        SEL : in  STD_LOGIC;
        S   : out STD_LOGIC
        );
    end Circuit_G;
--------------------------------------------
architecture Behavioral of Circuit_G is

-- Déclaration des signaux intermédiaires
signal S1, S2, S3, S4 : STD_LOGIC;

-- Déclaration des composants
component Circuit_4 Port(
        E3  : in  STD_LOGIC;
        E4  : in  STD_LOGIC;
        SEL : in  STD_LOGIC;
        S   : out STD_LOGIC
```

```vhdl
            );
end component;

component Circuit_3 Port(
            E  : in  STD_LOGIC;
            F  : in  STD_LOGIC;
            O4 : out STD_LOGIC
            );
end component;

component Circuit_2 Port(
            E1 : in  STD_LOGIC;
            E2 : in  STD_LOGIC;
            O3 : out STD_LOGIC
            );
end component;

component Circuit_1 Port(
            A  : in  STD_LOGIC;
            B  : in  STD_LOGIC;
            C  : in  STD_LOGIC;
            D  : in  STD_LOGIC;
            O1 : out STD_LOGIC;
            O2 : out STD_LOGIC
            );
end component;

begin
    -- Instanciation des composants
    C1 : Circuit_1 PORT MAP(
        A  => A,
        B  => B,
        C  => C,
        D  => D;
        O1 => S1;
        O2 => S2;

    C2 : Circuit_2 PORT MAP(
        E1 => S1,
        E2 => S2,
        O3 => S3;

    C3 : Circuit_3 PORT MAP(
        E  => E,
        F  => F,
        O4 => S4;

    C4 : Circuit_4 PORT MAP(
        E3 => S3,
        E4 => S4,
        SEL => SEL,
        S  => S;
end Behavioral;
```

2.1.6. Les machines à état (FSM)

2.1.6.1. Introduction

Les Machines à états finis FSM (Finite State Machine) sont généralement utilisées pour décrire des comportements séquentiels liés au contrôle des parties opératives. Cet aspect séquentiel, fait intervenir la notion d'état interne implémenté dans les circuits sous forme de registres. Une machine à état fini sert à modéliser le comportement séquentiel d'un système. Elle comporte un nombre limité et défini d'états.

Les machines à états sont utilisées dans divers domaines comme la robotique, l'électronique, les circuits de contrôle et la programmation embarquée. Les machines sont souvent utilisées afin de modéliser des problèmes complexes où il existe un nombre fini de possibilités.

Une machine à état est définie par :

- Des états stables finis et déterminés (Ex : Système de 4 états) :

- o Arrêt
- o Gauche
- o Avancer
- o Reculer
- Les entrées : Des conditions externes, des capteurs, etc. :
  - o Fin de course droite
  - o Fin de course gauche
  - o ...
- Les sorties : Provoquées par une ou plusieurs entrées et induisent un changement d'état.
- Les transitions : Des conditions de passage d'un état à autre (peuvent aussi induire le changement des états des sorties).

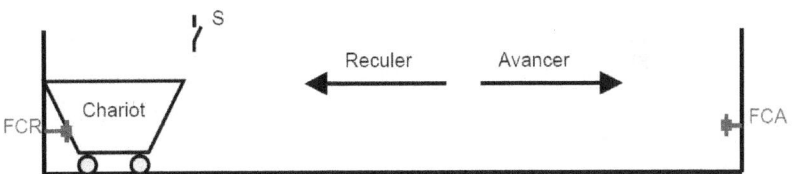

Figure 12 : La commande d'un chariot avec une machine à état

Un exemple : La commande des déplacements d'un chariot (figure 12). Le système est constitué de trois états :

- État 1 : État d'attente (de repos) ;
- État 2 : Avancement du chariot ;
- État 3 : Reculement du chariot.

Et trois entrées :

- S : Début du cycle (Star) ;
- FCR : fin de course qui indique que le chariot est bien reculé et dans la position de départ ;
- FCA : Fin de course indiquant la limite de l'avancement du chariot.

La description du cycle du système :

Le Chariot est supposé dans la position initiale (état initial), comme il est indiqué dans la figure 12, donc l'interrupteur fin de course FCR est actionnée (FCR='1') en attente du début du cycle (S='1'). Lorsque S='1', le chariot avance jusqu'à la fin de course FCA (FCR='1'), au moment ou FCA est actionnée, le chariot recule vers la position de départ.

Le chariot s'arrête lorsque FCR='1' et le cycle recommence.

Dans la suite de cette partie, on va étudier les deux types d'une machine à état :

- Machine de **Moore** ;
- Machine de **Mealy**.

Note : il existe aussi des machines mixtes.

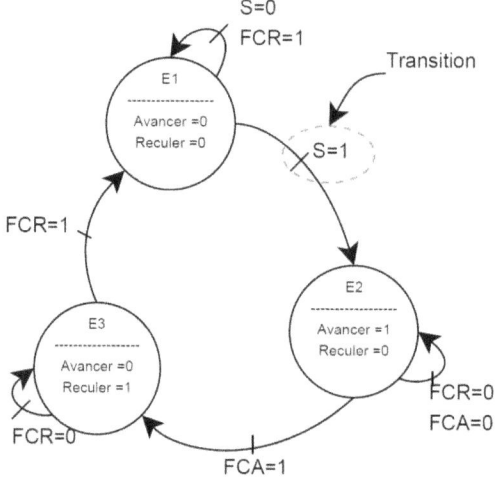

Figure 13 : Graphe de transition du déplacement du chariot (Moore)

2.1.6.2. La machine de Moore

La machine de Moore est une machine synchrone, les sorties dépendent de l'état présent et changent sur un front d'horloge. Le passage de l'état présent à l'état futur se fait avec l'arrivée du front de l'horloge. L'état futur est calculé à partir des entrées et de l'état présent (figure 13). Autrement dit, les sorties ne changent pas tant que les entrées ne sont pas présentent et que l'horloge est active.

La mémoire ou le registre d'état, est un registre (de n bascules D en pratique) synchronisé par l'horloge. A chaque coup d'horloge, l'état futur remplace l'état présent.

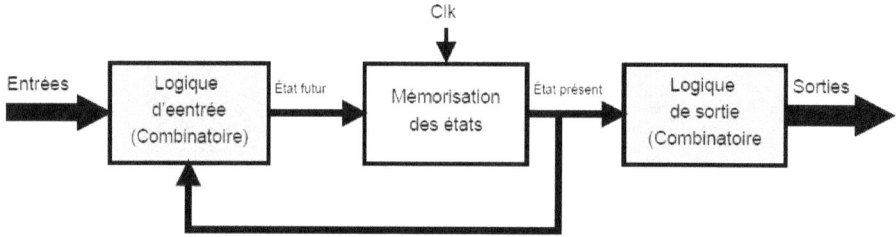

Figure 14 : L'architecture de la machine de Moore

La table d'états : C'est la table de vérité qui relie l'état présent, l'état futur, les entrées et les sorties. On reprend l'exemple précédent (figure 13) avec plus de précision sur les états des entrées.

On suppose les sorties suivantes :

- Avancer : **A** ;
- Reculer : R.

État présent	Entrée	État futur	Sortie
E1(01)	S='0' & FCR='1'	E1(01)	A='0', R='0'
E1(01)	S='1'	E2(10)	A='1', R='0'
E2(10)	FCA='0'	E2(10)	A='1', R='0'
E2(10)	FCA='1'	E3(11)	A='0', R='1'
E3(11)	FCR='0'	E3(11)	A='0', R='1'
E3(11)	FCR='1'	E1(01)	A='0', R='1'

Figure 15 : la table d'états

Remarque : On verra dans la suite de l'ouvrage la synthèse d'une machine à état en VHDL à travers des projets et réalisations pratiques.

2.1.6.3. Machine de Mealy

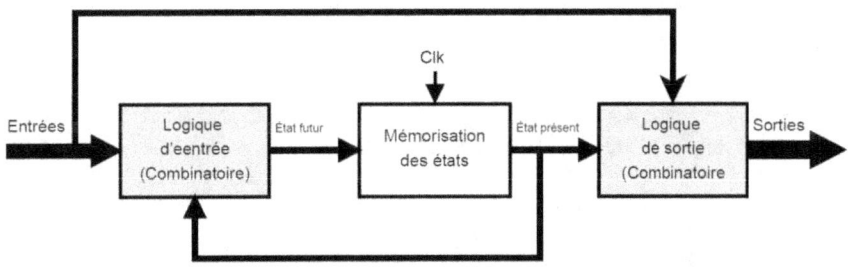

Figure 16 : L'architecture d'une machine d'état de Mealy

Dans la machine de Mealy (figure 16), l'état futur est calculé à partir des entrées et de l'état présent. Les sorties, peuvent changer d'état indépendamment de l'horloge (machine asynchrone).

Remarque :

- Le nombre des états est moins que celui de la machine de Moore.
- Les sorties peuvent être synchronisées avec l'horloge maître, en utilisant un registre à bascule D ayant la même horloge à la sortie de la machine.

La figure 17 illustre l'équivalence de la machine de Moore citée précédemment (figure 13). La sortie AR sur 2 bits est la combinaison entre la sortie Avancer et Reculer. On constate que les sorties sont codées dans les transitions (sorties asynchrones). On peut ajouter une transition entre l'état E2 et E3 sans passer par l'état E1 lorsque le bouton poussoir S = '1'.

La figure 17, illustre la configuration de la machine de Mealy :

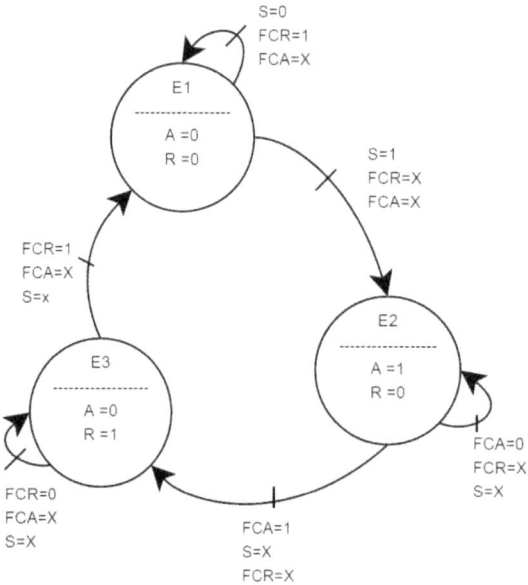

Figure 17 : Graphe de transition du déplacement du chariot (Mealy)

2.1.6.4. Synthèse d'une machine à état en VHDL

On dispose de trois techniques de description d'une machine à état, en fonction du nombre des processus :

- La description en trois processus (3 P) ;
- La description en deux processus (2 P) ;
- La description en un processus (1 P).

On peut effectuer le codage à la main d'une machine à état en utilisant des tables de vérités. Dans la suite de cet ouvrage, on va se focaliser sur la description par 2 Process parce que c'est plus générique et utilisée pour des systèmes complexes.

On reprend l'exemple du chariot illustré précédemment pour découvrir la description en 3 processus d'une machine à état (3 P). On va étudier la configuration de la machine de Moore et les mêmes techniques sont réutilisables pour la machine de Mealy. Les autres techniques de description (1 P et 2 P) seront abordées tout au long des projets.

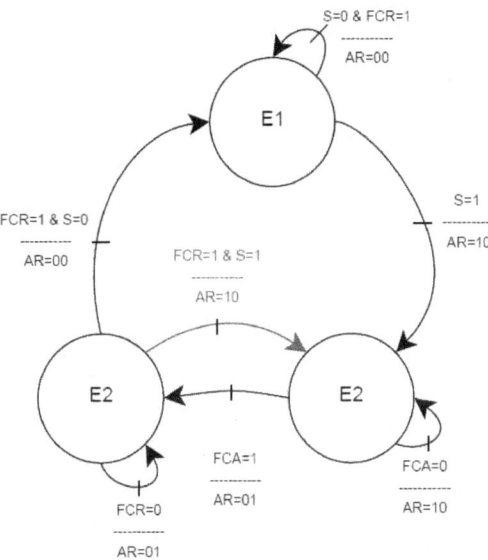

Figure 18 : Graphe de transition du déplacement du chariot amélioré (Moore)

La description avec 3 processus :

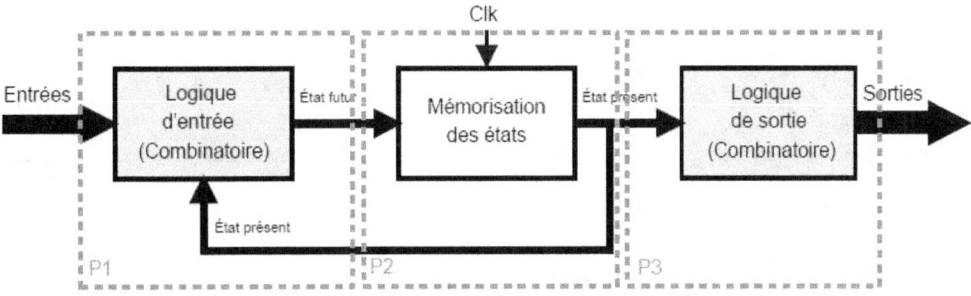

Figure 19 : Graphe de transition du déplacement du chariot amélioré (Moore)

La description du 1er Processus :

Le premier processus : IL permet le codage de la logique à l'entrée. Le process est entièrement combinatoire. Il calcule l'état futur à partir des entrées et de l'état présent (figure 17).

```
...
type    Etat is (E1, E2, E3);
Signal Etat_present, Etat_futur : Etat := E1;
begin
    LogicComb_entree : process (S,FCR, FCA, Etat_present)
    begin
        case Etat_present is
        -- Passage de E1 ----> E2
        when E1 =>
            if S = '1' and FCR ='1' then
                Etat_futur <= E2;
```

```
                        else
                            Etat_futur <= E1;
                        end if;
                -- Passage de E2 ----> E3
                when E2 =>
                        if  FCA= '1' then
                            Etat_futur <= E3;
                        else
                            Etat_futur <= E2;
                        end if;
                -- Passage de E3 ----> E1
                when E3 =>
                        if FCR = '1' then
                            Etat_futur <= E1;
                        else
                            Etat_futur <= E3;
                        end if;
            end case;
        end process LogicComb_entree;
...
end BehavFSM;
```

La description du 2ème Processus :

Le deuxième processus : C'est le processus de mémorisation des états et de la mise à jour de la machine à état. Il permet de passer de l'état présent à l'état futur sur le front d'horloge (front montant ou descendant). Le registre d'état possède également une entrée de réinitialisation synchrone RST.

```
...
type   Etat is (E1, E2, E3);
Signal Etat_present, Etat_futur : Etat := E1;

begin
    Mem_etat : process (CLK, RST)
        begin
            if RST = '0' then
                Etat_present <= E1;
            elsif CLK'event and CLK = '1' then
                Etat_present <= Etat_futur;
            end if;
        end process Mem_etat;
end BehavFSM;
```

La description du 3ème Processus :

Le troisième processus : C'est un processus combinatoire qui permet de calculer les sorties à partir des états présents.

```
...
type   Etat is (E1, E2, E3);
Signal Etat_present, Etat_futur : Etat := E1;
begin
    LogComb_sorties : process (Etat_present)
        begin
            case Etat_present is
                when E1 =>
                    A <= '0';
                    R <= '0';
                when E2 =>
                    A <= '1';
                    R <= '0';
                when E3 =>
                    A <= '0';
                    R <= '1';
            end case;
        end process LogComb_sorties;
end BehavFSM;
```

La description du système avec 3 Processus :

```
library ieee;
use ieee.std_logic_1164.all;
use ieee.std_logic_arith.all;
use ieee.std_logic_unsigned.all;
use ieee.numeric_std;
-----------------------------------------------
entity FSM_Synt is
    Port (
                RST : in    STD_LOGIC:='0';
                S   : in    STD_LOGIC:='0';
                FCA : in    STD_LOGIC:='0';
                FCR : in    STD_LOGIC:='0';
                CLK : in    STD_LOGIC:='0';
                A   : out   STD_LOGIC:='0';
                R   : out   STD_LOGIC:='0'
                );
end FSM_Synt;
-----------------------------------------------
architecture Behavioral of FSM_Synt is
type   Etat is (E1, E2, E3);
Signal Etat_present, Etat_futur : Etat := E1;
begin
    ----------------- Processus 1 -----------------
    LogicComb_entree : process (S, FCR, FCA, Etat_present)
    begin
        case Etat_present is
        -- Passage de E1 ----> E2
        when E1 =>
                if S = '1' and FCR ='1' then
                    Etat_futur <= E2;
                else
                    Etat_futur <= E1;
                end if;
        -- Passage de E2 ----> E3
        when E2 =>
                if  FCA= '1' then
                    Etat_futur <= E3;
                else
                    Etat_futur <= E2;
                end if;
        -- Passage de E3 ----> E1
        when E3 =>
                if FCR = '1' then
                    Etat_futur <= E1;
                else
                    Etat_futur <= E3;
                end if;
        end case;
    end process LogicComb_entree;
    ----------------- Processus 2 -----------------
    Mem_etat : process (CLK, RST)
    begin
        if RST = '0' then
            Etat_present <= E1;
        elsif CLK'event and CLK = '1' then
            Etat_present <= Etat_futur;
        end if;
    end process Mem_etat;
    ----------------- Processus 3 -----------------
    LogComb_sorties : process (Etat_present)
    begin
        case Etat_present is
            when E1 =>
                A <= '0';
                R <= '0';
            when E2 =>
                A <= '1';
                R <= '0';
            when E3 =>
                A <= '0';
                R <= '1';
        end case;
    end process LogComb_sorties;
end Behavioral;
```

La description avec deux processus :

Les deux processus combinatoires des entrées et des sorties, possèdent des listes de sensibilité identiques. Ils peuvent donc être fusionnés en un seul processus afin d'appliquer la technique à deux processus (1 processus séquentiel et 1 processus combinatoire).

La description avec un processus :

La description la plus compacte en utilisant une seule variable pour l'état. En revanche, on constate une perte de lisibilité lors de l'écriture et ne permet pas d'avoir moins de performances lors de la synthèse par rapport à une description à deux/trois processus. En pratique et pour une programmation modulaire et lisible, c'est utile d'utiliser une synthèse à trois ou à deux processus.

2.2. Outils de développement

La section suivante sera dédiée à la description des outils de développement des projets. Tous les projets de cet ouvrage, seront implémentés dans le kit de développement **Spartran 3A** avec le langage VHDL. Le choix du kit de développement est basé sur ses performances, nombre d'E/S (Entrée/Sortie), son prix (environ 25 euros) et sa facilité d'utilisation.

Cette section, sera l'objet de la description détaillée du kit de développement **Elbert V2 Spartran 3A** et on verra aussi les outils qui permettent de transférer le programme à la mémoire flash pour la configuration du FPGA.

2.2.1. FPGA Spartran 3A

Spartran 3A est une famille des FPGA (Field Programmable Gate Array) pour les applications de densité moyenne. Elle possède un nombre important des E/S. Elle contient entre 50 000 et 1.4 maillons de portes (voir figure 20). Elle est caractérisée par ses hautes performances et un prix faible. Elle est conçue avec une technologie de 90 nm, qui offre des fonctionnalités et fréquences importantes.

Device	System Gates	Equivalent Logic Cells
XC3S50A	50K	1,584
XC3S200A	200K	4,032
XC3S400A	400K	8,064
XC3S700A	700K	13,248
XC3S1400A	1400K	25,344

Figure 20 : Logique des portes de la famille FPGA Spartran 3A

La famille Spartran 3A, n'est pas chère et elle est destinée aux applications de l'industrie de consommation, télécommunication et les équipements de la télévision.

La famille Spartran 3A, est une alternative d'utilisation des ASIC qui coûtent relativement chère avec un cycle de développement long. Le prix d'unité du FPGA Spartran 3A et le temps de conception considérablement faible, font d'elle un outil puissant de conception et de prototypage pour les applications industrielles.

2.2.1.1. Caractéristiques globales de la famille Spartran 3A

- Très faible coût pour des performances importantes
- Large type des E/S en format single : LVCMOS, LVTTL, HSTL et SSTL
- Différentes valeurs d'alimentation : 3.3V, 2.5V, 1.8V, 1.5V et 1.2V

- Plus de 502 d'E/S ou 227 des E/S différentielles
- Courant configurable des drivers de sortie, 24 mA maximal par pin
- 8 unités de distribution d'horloge DCM (Digital Clock Managers) ayant les caractéristiques suivantes :
  - Unité de réduction des skews d'horloge
  - PLL intégrée
  - Grande résolution de phase
  - Large gamme de fréquence : de 5 MHz au 320 MHz
- Débit supérieur à 640 Mb/s de transferts de données différentielles
- Supporte la mémoire DDR/DDR2 ou SDRAM avec un débit maximal d'environ 400 Mb/s
- Large gamme des multiplieurs performants
- Multiplieurs 18x18 bits (deux entrées sur 18 bits)
- Bloc de la mémoire RAM de 576 kbits
- 176 kbits de la mémoire distribuée
- Unité de débogage avec JTAG
- …

L'architecture du Spartran 3A (voir Figure 1) est constituée de 5 unités programmables essentielles :

CLB : **Configurable Logic Blocks**, contient des LUT (Look Up Tables) flexibles et dédiées à l'implémentation de la logique combinatoire et séquentielle (mémorisation des états) par l'intermédiaire des registres Flip-Flops.

IOB : Input/Output Blocks, permet de contrôler le flux de donnée entre les pins d'E/S et la logique interne du circuit. Il supporte la logique de 3 états et peut être bidirectionnels. Il peut également supporter une variété de signaux de format standardisé comme la logique différentielle (ou single).

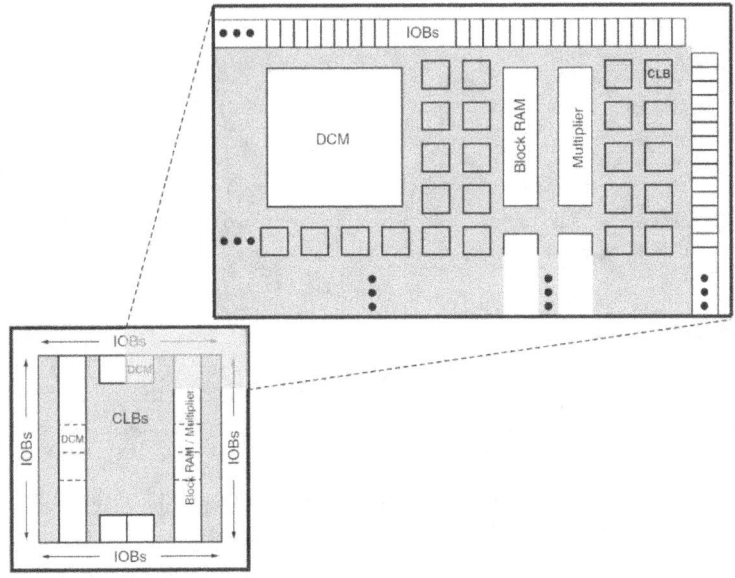

Figure 21 : Schéma bloc de la famille FPGA Spartran 3A

Block RAM : Unité de stockage de données de 18 kbits en deux blocks.

Multipliers Blocks : Blocs de multiplication, ils supportent des données (deux entrées) sur 18 bits à l'entrée et il permet d'effectuer la multiplication sur 36 bits (2x18 bits).

DCM : Digital Clock Manager : Unité de gestion d'horloge avec un processus d'auto calibrage, une PLL intégrée (multiplication de fréquence) et permet aussi la division d'horloge.

Dans la suite de l'ouvrage, on va faire appel aux divers fonctionnalisées et caractéristiques du circuit au fur et à mesure.

Symbol	Description			Min	Nominal	Max	Units
T_J	Junction temperature	Commercial		0	–	85	°C
		Industrial		–40	–	100	°C
V_{CCINT}	Internal supply voltage			1.14	1.20	1.26	V
V_{CCO}[1]	Output driver supply voltage			1.10	–	3.60	V
V_{CCAUX}	Auxiliary supply voltage[2]	V_{CCAUX} = 2.5		2.25	2.50	2.75	V
		V_{CCAUX} = 3.3		3.00	3.30	3.60	V
V_{IN}	Input voltage[3]	PCI IOSTANDARD		–0.5	–	V_{CCO}+0.5	V
		All other IOSTANDARDs	IP or IO_#	–0.5	–	4.10	V
			IO_Lxxy_#[4]	–0.5	–	4.10	V
T_{IN}	Input signal transition time[5]			–	–	500	ns

Figure 22 : Les caractéristiques électriques de la famille Spartran 3A

2.2.1.2. C'est quoi le skew ?

Le skew est une caractéristique temporelle importante d'un circuit multi-entrées et/ou multi-sorties. On distingue deux types de skew : skew d'entrée ou de sortie.

Le skew de sortie il est défini comme étant la valeur maximale de la différence des temps de propagation du passage d'un signal de l'entrée aux sorties (une entrée et plusieurs sorties).

$$T_{skew} = Max(t_{p1} - t_{p2})$$

- t_{p1} : Temps de propagation du signal E à la sortie S1
- t_{p2} : temps de propagation du signal E à la sortie S2

Exemple : un circuit distributeur d'horloge est défini par son skew (retards de la présence des horloges dérivées à chacune des sorties). Concernant les circuits de haute précisons, l'ordre de grandeur est de quelques picosecondes (Voir le document du constructeur du circuit 8SLVD1208I : Diviseur d'horloge ultra low skew de 8ps avec une bande passante de 2Ghz).

Figure 23 : Notion du skew de sortie

2.2.2. Kit Elbert V2 Spartran 3A

Figure 24 : Kit Elbert V2 Spartran 3A

Tout au long de l'ouvrage on va utiliser le kit de développement Elbert V2 qui intègre l'FG Spartran 3A. C'est un kit très simple à utiliser incluant les caractéristiques techniques du circuit Spartran 3A de Xilinx. Le kit est conçu spécialement pour les applications bas niveau ou des prototypes des circuits numériques. La carte utilise le circuit XC3S50A de la famille Spartran 3A de Xilinx. Il contient une interface USB 2.0 sur la carte de configuration et téléchargement du fichier bitstream (voir la suite de la section) dans la mémoire flash SPI. La procédure de transfert du fichier est considérablement simplifiée.

Le kit de développement peut être utilisé dans divers applications et domaines :

- Prototypage des circuits ;
- Traitement du signal ;
- Traitement vidéo bas niveau ;
- Contrôle et commande des processus industriels (moteur, asservissement,…) ;
- Projets éducatifs ;
- Etc.

2.2.2.1. Caractéristiques du kit Elbert V2 Spartran 3A

- FG: Spartran XC3S50A avec le packageTQG144
- Mémoire flash SPI de 16 Mb (Référence : M25P16)
- Interface USB 2..0 sur carte de programmation
- FG peut être configuré par le port USB ou JTAG
- 8 LEDs, 6 boutons poussoirs et 8 Switch DIP
- 1 connecteur VGA
- 1 Jack stéréo
- 1 adaptateur de carte Micro SD

- 3 afficheur 7 segments
- 39 E/S d'utilisation
- Un régulateur de tension
- Etc.

L'interface USB sera utilisée dans le chapitre des projets pour la configuration du circuit FG pour des raisons de simplification. Le concepteur de la carte dispose d'un petit programme de transfert du fichier bitstream à la mémoire SPI sur le kit par l'intermédiaire d'un microcontrôleur de type PIC (voir figure 25). L'utilisateur de la carte ne va pas s'occuper de la partie programmation ou la méthode de transfert. Le fameux programme s'occupe de tout à notre place !

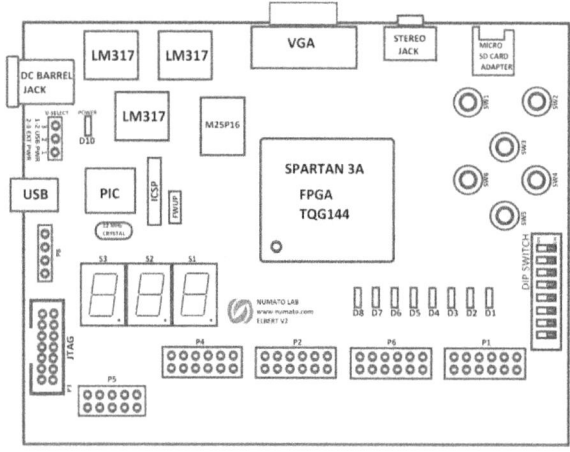

Figure 25 : Schéma bloc du kit de développement Elbert V2 Spartran 3A

2.2.2.2. Interface USB

Comme il est illustré dans le schéma bloc (Figure 3). C'est un contrôleur USB compatible avec PC/Linux ou MAC. Vous pouvez utiliser un câble USB pour connecter la carte avec un port d'ordinateur.

2.2.2.3. Alimentation

La carte utilise une alimentation externe de 5v ou interne via le port USB. La configuration du mode d'alimentation dépend d'un connecteur dans la carte et il faut s'assurer que vous avez bien choisi la bonne source d'alimentation. Dans le cas de nos projets, on va utiliser une alimentation interne issue du port USB. Vous pouvez également consulter le document du constructeur (datasheet) du circuit FG pour s'assurez de la consommation des E/Ss. Globalement le port USB fourni le courant nécessaire pour l'alimentation des pins. En cas de nécessité, vous pouvez utiliser une alimentation externe.

2.2.2.4. Interface VGA

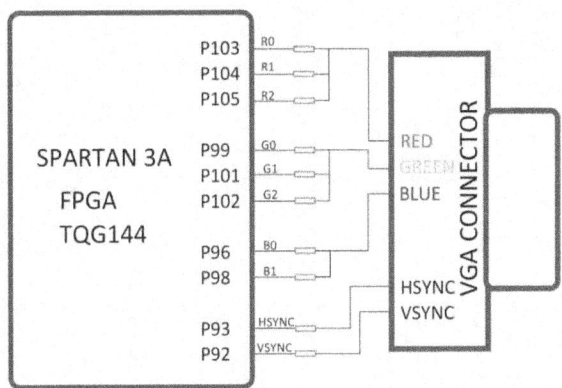

Figure 26 : Interface VGA avec FG

L'interface VGA (Video Graphics Array) capable de générer un signal VGA sur 8 bits issue du VGA à un écran ou moniteur VGA. Le port intègre des résistances permettant de convertir un mot binaire sur 3 ou 2 bits en un signal analogique (Convertisseur Numérique analogique CNA sur 2 ou 3 bits) Comme il est illustré dans la Figure 22. La couleur rouge et vert sont codées sur 3 bits. Par contre, la couleur bleu est codé sur 2 bits. La résolution binaire du port VGA vaut 8 bits (combinaison de 256 couleurs) et le port supporte un connecteur VGA standardisé.

Le connecteur contient également deux signaux de synchronisation (HSYNC et VSYNC) pour la synchronisation horizontale et verticale.

2.2.2.5. Interface carte Micro SD et interface Audio

Le kit de développement Elbert V2 dispose d'un connecteur de micro carte SD lié directement à la FG (voir la figure 27) par l'intermédiaire de 4 signaux de données (D0-D4), un signal de commande CMD, une horloge synchrone CLK et une alimentation de 3.3v.

Le Protocol de la carte SD est de type Maitre/Esclave synchrone. Le maitre (FG) envoie des commandes ou données à l'esclave (la carte SD), puis l'esclave renvoie les données. C'est un Protocol bidirectionnel (lecture ou écrire dans la carte micro SD).

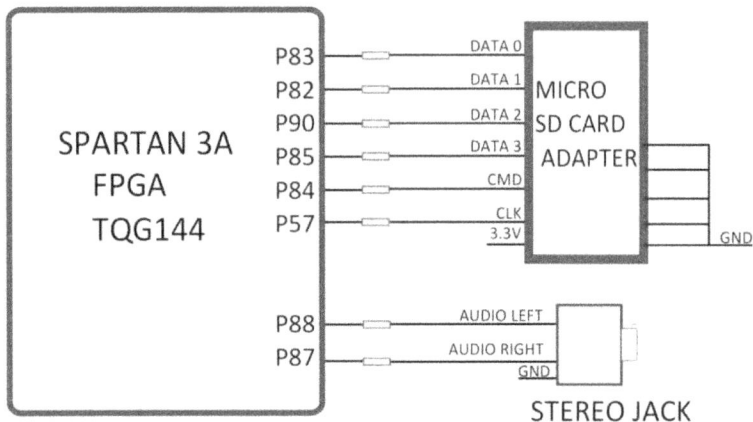

Figure 27 : Interfaces carte micro SD et Audio

2.2.2.6. Notions sur le Protocol SD

Toutes les commandes sont envoyées par le maître à la carte SD. La réponse de l'esclave contient 48 bits ou 136. Quelques commandes consacrées au début de transfert ou de réception de données.

L'interface contient trois types de signaux :

- CLK : Horloge de synchronisation du maître à la carte
- CMD : Signal de commande bidirectionnel du maître à l'esclave (demande par le maître et réponse de la carte)
- DAT : Signaux de données bidirectionnels

Les données peuvent être 1, 4 ou 8 bits. La fréquence de la carte SD peut varier de 1 à 25 MHz dans le mode par défaut, ou de 0 à 50 Mhz dans le mode haut débit avec une différence près des cartes MMC (MultiMedia Card). Ces derniers, peuvent fonctionner avec des fréquences allant jusqu'à 20, 26 ou 52 MHz.

Le kit contient également deux signaux numériques reliés à un jack audio (voir la figure 27). La question qui se pose, comment peut on transférer un signal numérique sur N bits (8, 16 ou 24 bits) dans le cas de l'audio dans un seul fil électrique ?!

Pour les applications du traitement audio sur FG, Le transfert d'un signal audio après traitement ou un signal multi-niveau codé sur N bits (2^N niveaux), peut être effectué par la conversion des niveaux logique en une largeur d'impulsion. La technique, s'appelle la modulation de largeur d'impulsion PWM (Pulse Width Modulation). Dans le cas pratique, on applique la technique pour les deux canaux (Droit et Gauche). La restitution du signal audio modulé peut être effectué par un filtrage passe bas à la sortie de chaque canal avec une bande passante de l'audio, environ 22Khz.

Remarque : La fréquence du modulateur PWM doit être largement important par rapport à la bande analogique du signal modulé (audio) afin d'obtenir une bonne qualité audio (environ 10 fois plus supérieurs). On verra dans le chapitre sur les projets comment réaliser un modulateur sinusoïdal PWM.

1) Afficheur 7 segments

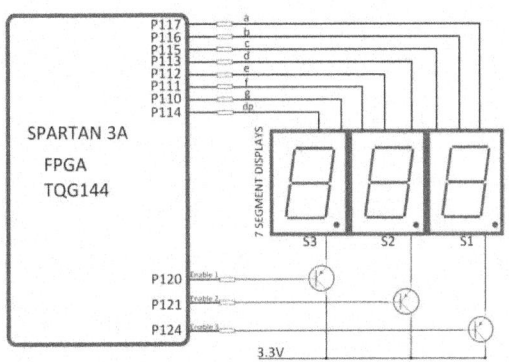

Figure 28 : Interface afficheurs 7 segments

La carte dispose de trois afficheurs 7 segments multiplexé dans le temps par trois interrupteurs à transistor activées niveaux bas. Chaque module, peut être commandé séparément par l'intermédiaire des trois pins liés directement à la FG. Les afficheurs sont reliés en parallèle avec 7 bits de caractère 7 segments et un bit pour le point (le bit d'affichage du point). En total 11 bits.

2.2.2.7. Interface LED et Switch

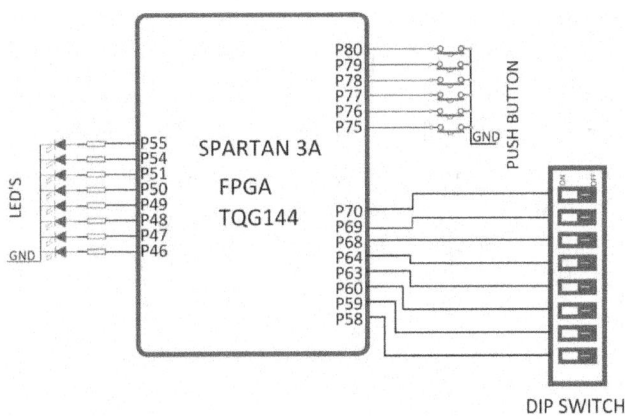

Figure 29 : Interface LED et Switch

Le kit de développement contient 6 boutons poussoirs, 8 Switchs et 8 LED d'interface. Tous les Switchs sont connectés directement à la FG. Tout au long des projets, on va voir comment utiliser la plupart des ressources de la carte et je vous laisse le libre choix de découvrir les autres fonctionnalités de la carte.

La carte dispose aussi de 39 E/S pour les divers applications, accessible par les connecteurs P1, P2, P4, P5 et P3. Chaque connecteur est menu d'un signal de masse et d'alimentation.

2.2.2.8. Horloge externe

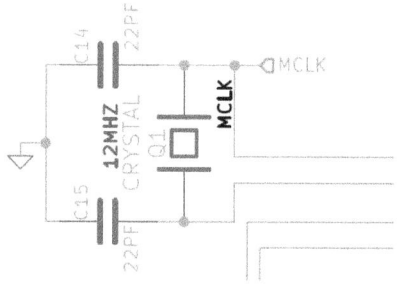

Figure 30 : Horloge externe 12 MHz

Le kit FG dispose d'une source d'horloge externe à quartz de 12 MHz (MCLK). On verra dans la partie projets comment utiliser l'horloge et comment synthétiser une large bande de fréquence.

Note : Il ne faut pas confonde la fréquence d'horloge (interne ou externe) et la fréquence maximale supportée par son design. En pratique, chaque design sur FG a sa propre fréquence d'horloge maximale qui dépend de la technologie utilisée du circuit FG (Spartran, Virtex 5, Virtex 7, ...), de la complexité de design et du chemin critique de l'horloge.

2.2.2.9. Notion du chemin critique

Tout circuit possède une fréquence maximale de fonctionnement liée au retard dû au chemin critique du composant. Le chemin critique, est défini comme étant le chemin le plus long reliant deux bascules synchronisées FF_1 et FF_2 par une horloge et il est majoré par le maximum de la somme des temps de propagation des différents composants combinatoires entre deux bascules. La période minimale d'horloge (fréquence maximale), vaut le délai du chemin critique. En pratique, la fréquence maximale est déterminée par les outils de développement dans la phase de simulation et de synthèse du circuit.

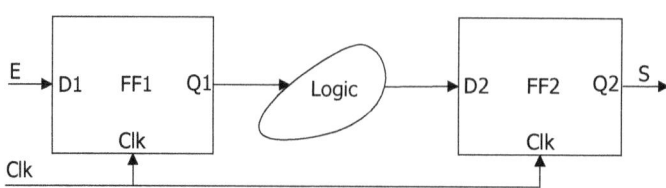

Figure 31 : Exemple de chemin critique

$$t_{CC} = \frac{1}{F_{max}} = t_{p1} + t_{plogic} + t_{p2}$$

- t_{cc} : Temps du chemin critique
- F_{max} : Fréquence maximale de l'architecture
- t_{p1} : Temps de propagation de la bascule FF_1
- t_{p2} : Temps de propagation de la bascule FF_2
- t_{plogic} : Temps de propagation de la logique combinatoire

2.2.3. Installation de programme

Le kit de développement Elbert V2 nécessite l'installation d'un pilote qui assure le bon fonctionnement de la carte. Le programme est disponible dans le site du concepteur de la carte (numato.com). Après le téléchargement du fichier zip, vous le **décompresser**. Ensuite, brancher la carte, lancer le pilote et à la fin de l'installation, le système doit reconnaitre la carte dans les périphériques séries COM&LPT (figure 32). Le nom du port est important dans la phase de programmation de la mémoire flash en utilisant un mini programme de transfert du fichier bitstream qui sert à configurer le circuit FG.

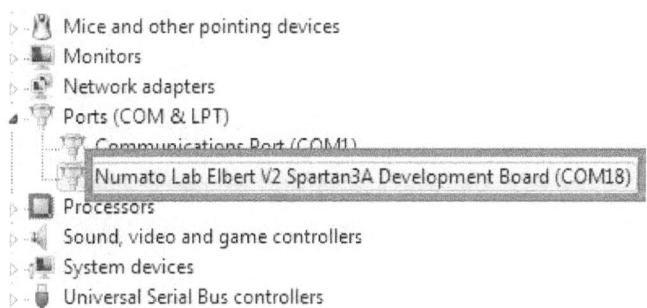

Figure 32 : Reconnaissance de la carte Elbert V3 Spartran des les périphériques séries

2.2.3.1. Procédure de génération du fichier bitstream

Après avoir assuré le bon fonctionnement du programme VHDL (logique & syntaxe), vous pouvez ensuite, configurer le type de fichier de sortie en suivant les étapes suivantes :

- Etape 1 : Clic droit sur « Generate Programming File » puis sur « Processes Properties » (figure 33)
- Etape 2 : Cocher la case « Create Binary Configuration File » puis « Apply »

Appuyez sur OK pour fermer la boite du dialogue. En appuyant sur « RUN », vous trouverez dans le fichier projet, un fichier .bin qu'on utilisera dans la section suivante, pour la programmation de la mémoire flash SPI.

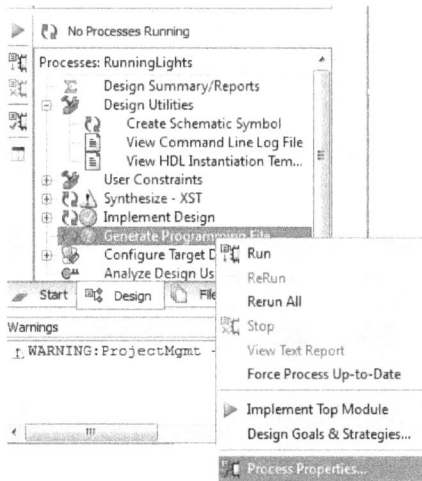

Figure 33 : Etape 1 de la configuration du type du fichier de sortie (bitstream)

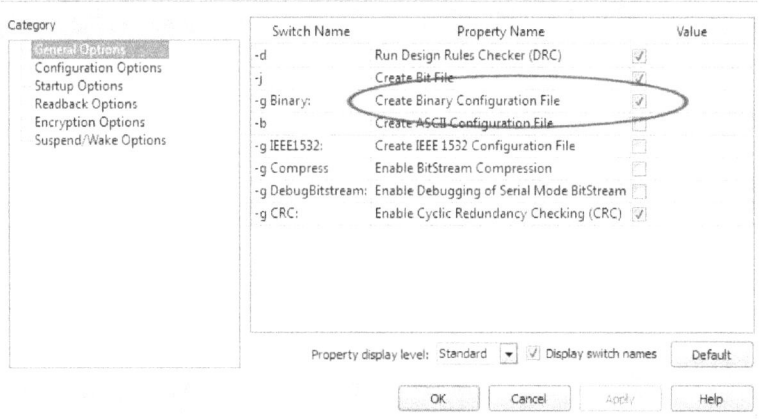

Figure 34 : Etape 2 de la configuration du type du fichier de sortie (bitstream)

2.2.3.2.   Procédure de transfert du fichier bitstream

Elbert V2 contient un microcontrôleur qui permet de faciliter l'opération de programmation de la mémoire SPI par l'intermédiaire de l'interface USB. Le microcontrôleur reçoit le fichier binaire de l'ordinateur et il assure le transfert à la mémoire flash.

Quand le kit est connecté à l'ordinateur, il sera reconnu comme étant une interface COM. Ci-dessous, les étapes de programmation de la mémoire flash :

- Etape 1 : Ouvrir l'outil de configuration du kit Elbert V2. Sélectionnez le port dans lequel le kit est reconnu. Appuyez sur « **Open file** » et sélectionnez le fichier .bin dans le répertoire du projet (figure 13).

- Etape 2 : Appuyez sur le bouton « **Program** » et Attendez quelques instants jusqu'à l'apparition de « **Done** » sur la fenêtre (figure 35 et 36).

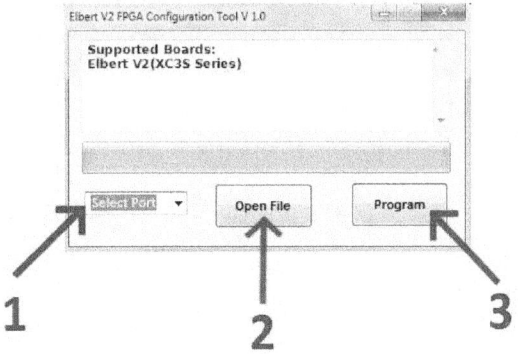

Figure 35 : Etapes de transfert du fichier binaire

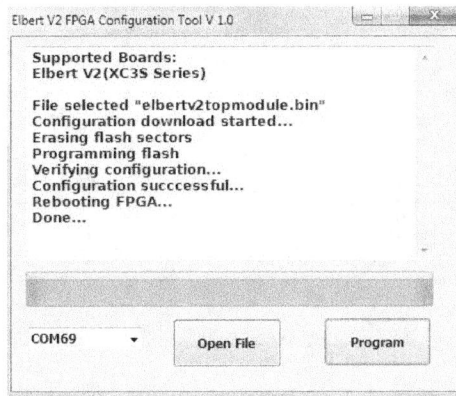

Figure 36 : Fenêtre d'indication d'un transfert réussi en mémoire

Vous pouvez consulter le guide complet d'utilisation de l'interface JTAG pour programmer et débuguer la carte (numato.com).

Résumé des caractéristiques électriques de la carte :

Parameter *	Value	Unit
Basic Specifications		
Number of GPIOs	39	
Number of LEDs	8	
Number of Push Buttons	6	
SPI Flash Memory (M25P16)	16	Mb
Power supply voltage (USB or external)	5 - 7	V
FPGA Specifications		
Internal supply voltage relative to GND	−0.5 to 1.25	V
Auxiliary supply voltage relative to GND	−0.5 to 3.75	V
Output drivers supply voltage relative to GND	−0.5 to 3.75	V

Figure 37 : Caractéristiques électrique du kit Elbert V2 Spartran 3A

3. Projets FPGA

3.1. Registre à décalage

3.1.1. Analyse de fonctionnement

3.1.1.1. Introduction

Le registre à décalage est un circuit qui permet de décaler de M bits d'un mot binaire sur N bits (avec N≥M). Le décalage peut être à droite ou à gauche, en fonction du besoin de l'utilisateur. Le registre à décalage est très utilisé dans les unités de calcul (multiplication ou division par une puissance de 2). En outre, le décalage à droite d'un bit, est équivalent à une division par deux. En revanche, un décalage à gauche est une multiplication par deux.

Dans le projet, la taille du registre de données d'entrée et de sortie sera générique et paramétré par la variable entière N. Le pas de décalage par la variable entière M.

Le décalage à droite (figure 38) consiste à décaler de M bits les bits du registre du poids fort (MSB) D7-D1 à droite. Ensuite, remplacer les bits libres à gauche par des zéros (D7=0). Le même principe est utilisé dans le cas de décalage à gauche.

Remarque : On constate que le décalage à droite ou à gauche, engendre la perte totale de données et après M=N décalage, le registre sera complètement vide (tous les bits seront à zéro).

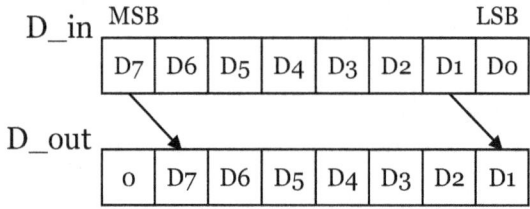

Figure 38 : Principe de décalage à droite d'un mot de 8 bits (N=8) d'un seul bit (M=1)

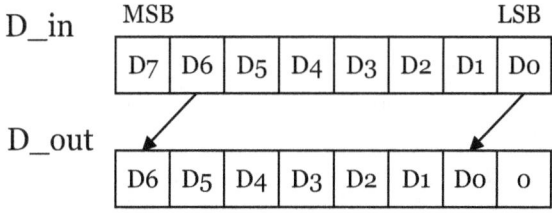

Figure 39 : Principe de décalage à gauche d'un mot de 8 bits d'un seul bit

Dans le projet actuel, le circuit sera menu de deux entrées permettant de sélectionner le mode de décalage, une entrée d'horloge, une entrée de réinitialisation et une entrée d'activation du circuit.

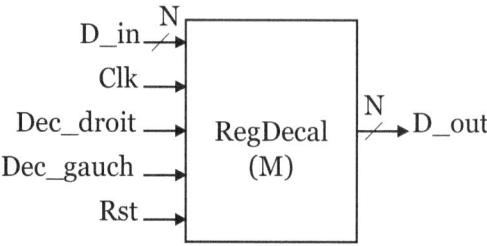

Figure 40 : Entité du registre à décalage générique

Les entrées :

- D_in :   Données d'entrée sur N bits
- Clk :   Horloge synchrone du circuit
- Dec_droit :   Signal d'activation du décalage à droite
- Dec_gauh :   Signal d'activation du décalage à gauche
- Rst :   Signal de réinitialisation asynchrone

Les sorties :

- D_out :   Données décalées sur N bits

Signification des signaux de contrôles :

- Rst   : ='1', Initialisation, '0' : fonctionnement normal
- Dec_droit   : ='1', Décalage à droite, '0' : fonctionnement normal
- Dec_gauh   : ='1', Décalage à gauche, '0' : fonctionnement normal

Note : Dans le cas ou (Dec_droit= '1' et Dec_gauh = 1) ou (Dec_droit= 0 et Dec_gauh = 0), le circuit ne prend pas en considération l'état de ses derniers. Le décalage ne sera pas effectuer que lorsque l'une des deux entrées est activée (='1').

3.1.1.2. Les notions de réinitialisation Synchrone/Asynchrone

Pourquoi un signal RESET ?

Le signal RESET de réinitialisation est nécessaire :
- Pour forcer le circuit dans un état sûr pour la simulation;
- Au démarrage du circuit réel;
- Pendant le fonctionnement par des circuits spéciaux (Watchdog circuits).

La réinitialisation Synchrone :

Le Reset est pris en compte à l'arrivée du front d'horloge (front montant ou front descendant). Le signal de réinitialisation est appliqué comme toute autre entrée de la logique combinatoire (état futur du circuit). Une réinitialisation synchrone permet d'avoir un circuit complètement synchrone.

La réinitialisation Asynchrone :

La réinitialisation asynchrone possède une priorité supérieure sur tout autre signal. Le circuit se réinitialise avec ou sans présence de front de l'horloge.

Résumé :

En résumé, un reset asynchrone permet de réinitialiser le circuit même au milieu d'une période d'horloge. En revanche, un reset synchrone ne sera pris en compte qu'après l'arrivée du front d'horloge. Appliquer une réinitialisation synchrone ou asynchrone, dépend de ce que nécessite l'application. Dans notre circuit, on va utiliser une RESET asynchrone. On verra dans d'autres projets, comment implémenter un reset synchrone.

3.1.2. Programme

```vhdl
library ieee;
use ieee.std_logic_1164.all;
use ieee.std_logic_unsigned.all;
entity RegDecal is
    Generic(
                -- Taille de données
                N       : positive:= 8;

                -- Valeur de décalage
                M       : positive:=3
                );
    Port(
                -- Entrées
                D_in      : in  STD_LOGIC_VECTOR(N-1 downto 0);
                Rst       : in  STD_LOGIC;
                Clk       : in  STD_LOGIC;
                Dec_droit : in  STD_LOGIC;
                Dec_gauch : in  STD_LOGIC;

                -- Sorties
                D_out     : out STD_LOGIC_VECTOR(N-1 downto 0)
                );
end RegDecal;

architecture Behavioral of RegDecal is

-- Signal de décalage
signal Dec_DG   : STD_LOGIC_VECTOR(1 downto 0);

-- Signal intermédiaire de la donnée de sortie
signal D_out_tmp: STD_LOGIC_VECTOR(N-1 downto 0):=(others =>'0');
begin
    P_decal : process(Rst, Clk, Dec_droit,Dec_gauch )
        begin
            Dec_DG <= Dec_droit & Dec_gauch;

            -- Initialisation
            if Rst ='1' then
                D_out_tmp <= (others => '0');
                Dec_DG <= (others => '0');
            elsif Clk = '1' and Clk'event then

                -- Décalage à droite
                if Dec_DG ="10" then
                    D_out_tmp(N-1 downto (N-1)-(M-1) ) <= (others => '0');
                    D_out_tmp(N-1-M downto 0) <= D_in(N-1 downto M);

                -- Décalage à gauche
                elsif Dec_DG ="01" then
                    D_out_tmp(M-1 downto 0 ) <= (others => '0');
                    D_out_tmp(N-1 downto M) <= D_in(N-1-M downto 0);
                else
                    D_out_tmp <= D_in;
                end if ;
            end if ;
        end process P_decal;
    D_out <= D_out_tmp;
end Behavioral;
```

L'architecture du circuit RegDecal est constituée d'un seul processus synchronisé par une horloge Clk. Le circuit opère le décalage à droite et à gauche en fonction de l'état des signaux Dec_droit et Dec_gauch. Le processus est sensible aux signaux suivants : Rst, Clk, Dec_droit et Dec_gauch. Autrement dit, le processus P_decal se réveille (s'exécute) à chaque changement d'états de ses derniers signaux.

La ligne : Dec_DG <= Dec_droit & Dec_gauch, permet de concaténer deux signaux sur 1 bit, pour obtenir un signal sur 2 bits. L'objet de cette opération, est de faciliter l'écriture des conditions de la fonction **IF… ELSE.**

Rappel sur la fonction IF… ELSE :

La fonction IF permet d'exécuter une ou plusieurs instructions quand une condition est vraie, sinon elle exécute d'autres instructions. Le nombre des conditions est illimité. La fonction IF est une fonction séquentielle donc il nécessite l'utilisation d'un processus. Les termes entre [ ] sont pas obligatoire.

La syntaxe de l'instruction IF :

```
IF (Condition 1)
{
    inst_11;
    inst_12;
    ...
    inst_n;
}
[ELSIF(Condition 2)
{
    inst_21;
    inst_22;
    ...
    inst_2n;
}
ELSE
{
    inst_else_1;
    inst_else_2;
    ...
    inst_else_n;
}]
END IF;
```

Note : Il est recommandé d'utiliser des signaux temporels pour les signaux d'E/S (Ex : D_out_tmp). Il est déconseillé de travailler directement sur des signaux de l'entité surtout ceux de sorties. C'est souvent une source d'erreur pendant la synthèse du design (Erreur des connexions multiples).

La conception de l'architecture n'est pas limitative et vous pouvez imaginer plusieurs configurations possibles :
- Utilisation de plusieurs processus (un processus pour le décalage à droite, un pour le décalage à gauche et un autre pour la génération de la sortie)
- Utilisation de la fonction **SELECT** à la place de **IF**
- …

Nous obtiendrons dans toutes les configurations les mêmes résultats. La différence entre les architectures, va dépendre des ressources utilisées sur la FPGA (portes, bascules, …). Ceci, définira ensuite l'espace utilisé en portes et la fréquence maximale de fonctionnement de l'architecture. L'étude qualitative d'une architecture et les aspects d'optimisation n'est pas l'objet de cet ouvrage, néanmoins, on verra au fur et à mesure dans les projets, les caractéristiques techniques de design d'un circuit sur FPGA.

3.1.3. Simulation

Après la synthèse et la correction des erreurs de syntaxes du programme. L'étape suivante du design, sera la simulation du model du composant. L'objectif de cette étape importante, est de valider le bon fonctionnement du circuit.

Le programme de simulation « Test Banch » avant tout, est un programme VHDL. Donc, ce programme respecte l'architecture d'un code VHDL mais avec une entité vide (tb_RegDecal). Dans notre cas, on reprend le paramètre N générique qui nous aide à changer la taille du bus de données d'E/S. La déclaration du paramètre N n'est pas obligatoire, à condition de le remplacer par sa valeur dans les différents champs du programme de simulation (Ex : Remplacer N-1 par 7). Ensuite, supprimer le bout du programme suivant :

```
Generic(
        N    : positive:= 8
    );
```

Le programme de simulation fait appel également à l'entité de notre programme « RegDecal » par l'opération d'instanciation basique qu'on a vue précédemment. On déclare souvent les signaux d'instanciation comme ceux de l'entité pour des raisons de simplification.

On va faire appel souvent à des programmes multiprocessus, pour prendre l'habitude de raisonner en architectures multiprocessus. C'est plus pratique, modulaire et simple à débuguer. Rappelez bien que chaque processus tourne indépendamment des autres. Vous trouverez ci-dessous, le programme de simulation avec trois processus des différents signaux d'entrée (Rst, Clk, Dec_d et Deca_g). Les données à l'entrée, sont considérées stagnentes.

L'objectif d'avoir chaque processus pour un signal d'entrée, est de simuler plusieurs états d'un signal et voir leurs effets sur la sortie d'une entité sans effectuer des modifications manuelles. Ensuite, effectuer la simulation plusieurs fois et le processus s'occupe du boulot à notre place. En revanche, il faut bien définir les temps entre les différents états en fonction de la cadence de l'horloge et les autres entrées. Ceci, nous permettra de visualiser un signal exploitable à la sortie. Dans notre cas, nous considérons les conditions de simulation suivantes :

- Clk : Change d'état à chaque 100/2 ns =50 ns
- Rst : Change d'état à chaque 50 coup d'horloge (50x50 = 2500 ns)
- Dec_d et dec_g : Change d'état (deux bits :'01', '10,' '11', '00') à chaque 10 coup d'horloge (10x50 =500 ns)

Note : Le signal de réinitialisations est 5 fois plus long par rapport au changement des modes et 25 fois plus long par rapport à la période d'horloge. Dans ces conditions, on peut observer les différents états du système.

Remarque : Les données sont supposées constantes et égal partout à '1'. On peut imaginer d'autres composants qui permettent de générer des données :
- Un générateur de signaux;
- Un flux de données stocké dans un fichier texte.

On verra par la suite dans l'ouvrage, comment effectuer ce genre de simulation ?

```vhdl
LIBRARY ieee;
USE ieee.std_logic_1164.ALL;

ENTITY tb_RegDecal IS
        Generic(
                N    : positive:= 8
                );
END tb_RegDecal;

ARCHITECTURE behavior OF tb_RegDecal IS

COMPONENT RegDecal
    PORT(
        D_in      : IN  std_logic_vector(N-1 downto 0);
        Rst       : IN  std_logic;
        Clk       : IN  std_logic;
        Dec_droit : IN  std_logic;
        Dec_gauch : IN  std_logic;
        D_out     : OUT std_logic_vector(N-1 downto 0)
        );
    END COMPONENT;

    --Entrées
    signal D_in : std_logic_vector(N-1 downto 0) := (others => '0');
    signal Rst : std_logic := '0';
    signal Clk : std_logic := '0';
    signal Dec_droit : std_logic := '0';
    signal Dec_gauch : std_logic := '0';

    --Sorties
    signal D_out : std_logic_vector(N-1 downto 0);

    -- CDéfinition de la période d'horloge
    constant Clk_period : time := 100 ns;

BEGIN

    -- Instanciation du composant
    uut: RegDecal PORT MAP (
            D_in => D_in,
            Rst => Rst,
            Clk => Clk,
            Dec_droit => Dec_droit,
            Dec_gauch => Dec_gauch,
            D_out => D_out
        );

    -- Les processus de simulation

    -- Clock
    Clk_process :process
    begin
        Clk <= '0';
        wait for Clk_period/2;
        Clk <= '1';
        wait for Clk_period/2;
    end process;

    -- Reset
    Rst_process :process
    begin
        Rst <= '0';
        wait for 50*Clk_period;
        Rst <= '1';
        wait for 50*Clk_period;
    end process;

    -- Décalagee droite & gauche
    DG_process :process
    begin
        Dec_droit <='0';
        Dec_gauch <='1';
        wait for 10*Clk_period;
```

```
            Dec_droit <='1';
            Dec_gauch <='0';
            wait for 10*Clk_period;

            Dec_droit <='1';
            Dec_gauch <='1';
            wait for 10*Clk_period;

            Dec_droit <='0';
            Dec_gauch <='0';
            wait for 10*Clk_period;

        end process;

        -- Données fixe
        D_in<= b"11111111";
END;
```

Simulation :

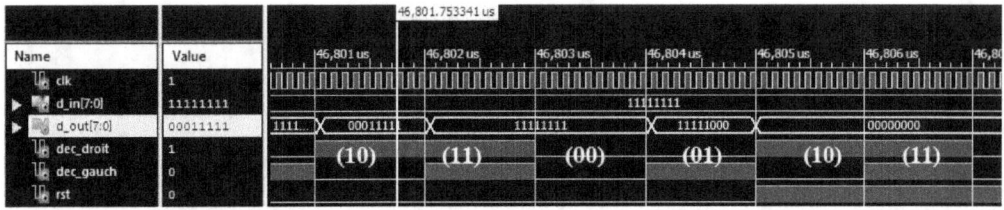

Figure 41 : Chronogrammes des signaux d'E/S de registre à décalage

La figure ci-dessus, illustre les chronogrammes d'E/S du registre à décalage sur 8 bits, pour un décalage sur 3 bits. La figure montre que le circuit réalise effectivement le décalage à droite (10) et le décalage à gauche (01), par contre le circuit, ne réagit pas pour les combinaisons '00' et '11' des signaux de décalage. Le circuit, effectue la réinitialisation quand le signal Rst passe à '1'.

Les chronogrammes illustrent le bon fonctionnement du registre à décalage. La section suivante, sera dédiée à l'implémentation du circuit sur le kit de développement Elbert V2.

Comment générer le fichier Testbench avec xilinx ?

Nous pouvons créer nous-mêmes le fichier Testbanch et l'ajouter au projet. Pour des raisons de simplification, le logiciel Xilinx dispose d'une interface de génération automatique du fichier tesbanch. Par contre, la partie génération des signaux, sera définit par le développeur. Les étapes de création d'un fichier testbanch sont les suivants :

Etapes 1 : Clic droit sur le fichier VHDL du projet puis sur « New Source » (figure 38) ;

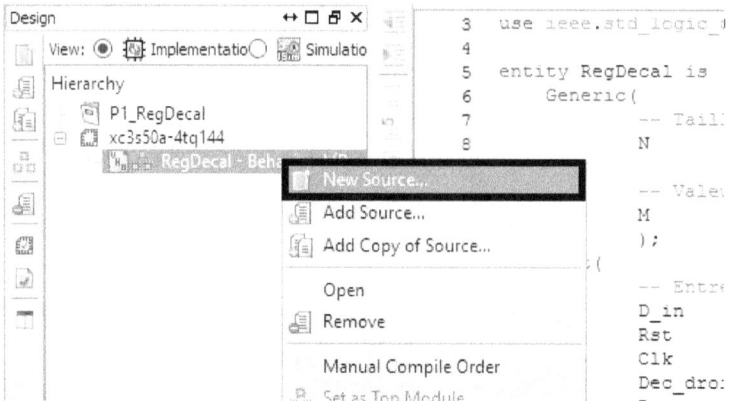

Figure 42 : Etape 1 : création de nouveau fichier source testbanch

Etape 2 : Sélectionner « VHDL Test Bench » puis défini un nom et appuyer sur « Next »

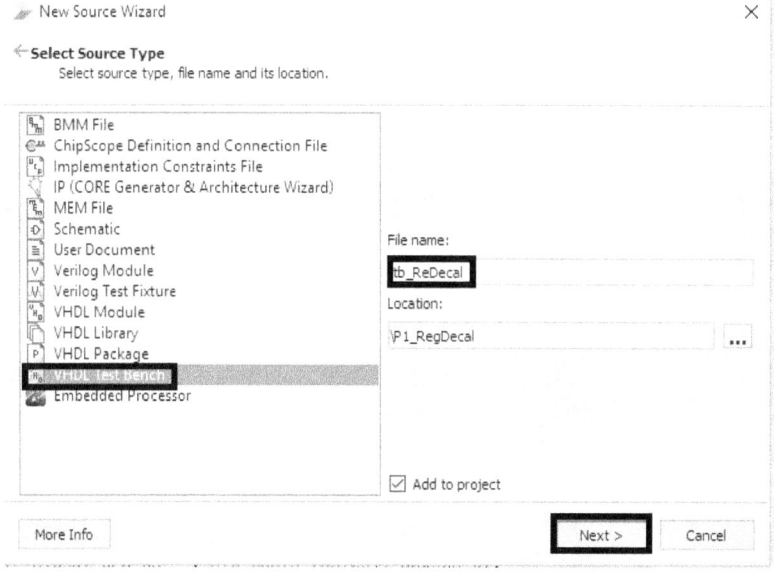

Figure 43 : Définition du nom du fichier testbanch

Etape 3 : Affectation de la source vhdl (entité & architecture) au fichier test bench. On peut avoir plusieurs sources dans un seul projet. Dans ce cas, plusieurs sources s'affichent dans la fenêtre et vous serez amené à choisir la bonne source pour le test bench en cours. Appuyez ensuite sur « Next » et puis sur « Finish » dans la fenêtre suivante.

Projets FPGA pour les Électroniciens

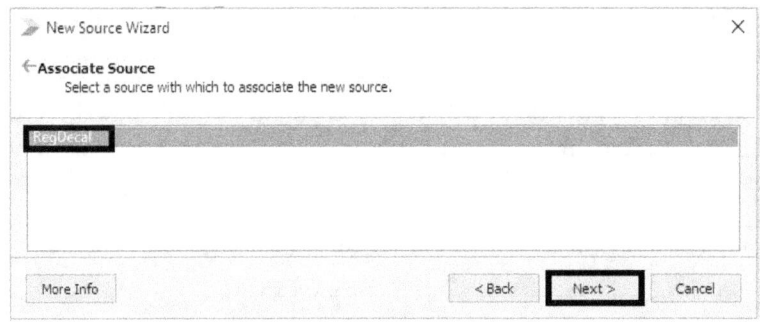

Figure 44 : Sélection du fichier VHDL du test bench

Contenu du fichier Test Bench généré :

```vhdl
LIBRARY ieee;
USE ieee.std_logic_1164.ALL;

ENTITY test IS
END test;

ARCHITECTURE behavior OF test IS

    -- Component Declaration for the Unit Under Test (UUT)
    COMPONENT RegDecal
    PORT(
         D_in       : IN  std_logic_vector(7 downto 0);
         Rst        : IN  std_logic;
         Clk        : IN  std_logic;
         Dec_droit  : IN  std_logic;
         Dec_gauch  : IN  std_logic;
         D_out      : OUT std_logic_vector(7 downto 0)
        );
    END COMPONENT;

    --Inputs
    signal D_in : std_logic_vector(7 downto 0) := (others => '0');
    signal Rst : std_logic := '0';
    signal Clk : std_logic := '0';
    signal Dec_droit : std_logic := '0';
    signal Dec_gauch : std_logic := '0';

    --Outputs
    signal D_out : std_logic_vector(7 downto 0);

    -- Clock period definitions
    constant Clk_period : time := 10 ns;
BEGIN
    -- Instantiate the Unit Under Test (UUT)
    uut: RegDecal PORT MAP (
         D_in => D_in,
         Rst => Rst,
         Clk => Clk,
         Dec_droit => Dec_droit,
         Dec_gauch => Dec_gauch,
         D_out => D_out
        );

    -- Clock process definitions
    Clk_process :process
    begin
         Clk <= '0';
         wait for Clk_period/2;
         Clk <= '1';
         wait for Clk_period/2;
    end process;
    -- Stimulus process
    stim_proc: process
    begin
    -- hold reset state for 100 ns.
    wait for 100 ns;
    wait for Clk_period*10;
    -- insert stimulus here
    wait;
    end process;
END;
```

Comme il est illustré dans la source générée, l'outil Xilinx a permet de faire une grande partie du boulot à notre place☺.

Le process « stim_proc », sera dédié à la définition de l'évolution des signaux d'entrées. Il sera à la charge de l'utilisateur définir les signaux d'entrées, les fonctions combinatoires ou les constantes.

Exemple de processus pour le signal Rst cité précédemment :

```
Rst_process1 :process
begin
    Rst <= '0';
    wait for 50*Clk_period;
    Rst <= '1';
    wait for 50*Clk_period;
end process;
```

Le processus Rst_process1 permet de générer un signal Rst qui change d'état chaque 50 coup d'horloge. Autrement dit, un signal carré de période égale à 100 périodes d'horloge. Le processus Rst_process2 illustre une autre façon d'écrire la même chose plus compacte :

```
Rst_process2 :process
begin
    Rst <=not (Rst)
    wait for 50*Clk_period;
end process;
```

La différence entre les deux processus réside dans le fait que le processus Rst_process2 s'exécute deux fois plus vite par rapport au processus Rst_process1. Ce dernier, s'exécute à chaque période (2 demi-période) et l'autre s'exécute à chaque changement d'état du signal Rst (une demi-période).

3.1.4. Implémentation sur Kit

La troisième étape (après synthèse et simulation), est la définition du fichier de contraintes. On va se limiter dans la plupart des projets, des contraintes liées au câblage de l'entité avec la FPGA, au type des signaux ainsi que la puissance du driver de sortie (courant de sortie). Pour ne pas trop s'éloigner du sujet de l'ouvrage, on va attaquer la partie du câblage des signaux d'E/S avec l'entité RegDecal et les signaux physiques du FPGA. L'opération « pinout » permet de cabler l'entité avec les pins physiques externes du circuit FPGA.

Cette partie de « pinout » demande qu'on choisi le bon endroit des différents signaux. Dans notre cas, on a besoin de :

- 8 pins d'entrées pour les données d'entrée D_in ;
- 1 pin d'entrée pour le signal d'horloge ;
- 1 pin d'entrée du signal de réinitialisation ;
- 2 pins du mode de décalage (droite et gauche) ;
- Et 8 pins de sortie des données de sortie D_out.

En connaissance des ressources d'E/S du kit Elbert V2 Spartran 3A, nous pouvons effectuer une affectation « optimale » des signaux.

Dans notre cas, on va utiliser 8 interrupteurs pour les données d'entrées (localisés dans le Switch), une horloge interne de la FPGA de 12 MHz (MCLK). Les autres entrées seront liées à des boutons poussoirs (BP). Les 8 bits de sortie seront liées à 8 LED pour observer les données de sortie (avant et après le décalage) en appuyant sur l'un des boutons poussoirs (BP) ou l'état de réinitialisations, dans le cas d'appui sur le bouton poussoir Rst. (Voir figure ci-dessous).

Figure 45 : La connexion de l'entité du registre à décalage avec les pins physiques du FPGA (Pinout)

Comment ajouter un fichier de contraintes (.UCF) à un projet ?

L'ajout d'un fichier de contraintes est relativement simple. Les étapes de création sont citées ci-dessous:

- **Etapes 1** : Clic droit sur le fichier VHDL du projet. Puis, sur « New Source » (figure 42) ;
- **Etape 2** : Sélectionnez dans la fenêtre qui s'affiche « Implmentation contraints file » (figure 43) ;
- **Etape 3** : Définir un nom en relation avec le projet. Dans le cas de l'ouvrage, tous les noms des fichiers de contraintes auront la syntaxe suivant : pinout_NomEntity ;
- **Etape 4** : Appuyez sur « Next » ;
- **Etape 5** : Appuyez sur « Finish ».

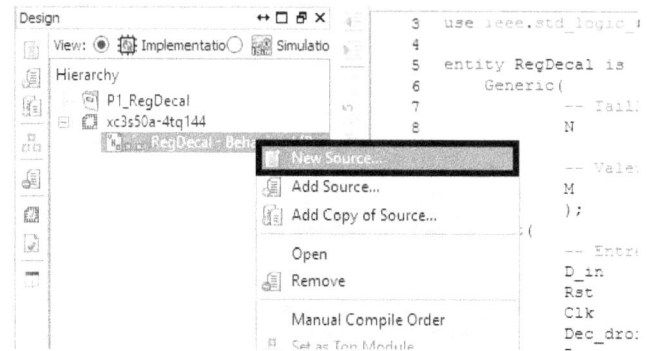

Figure 46 : Etape 1 : création de nouveau fichier source

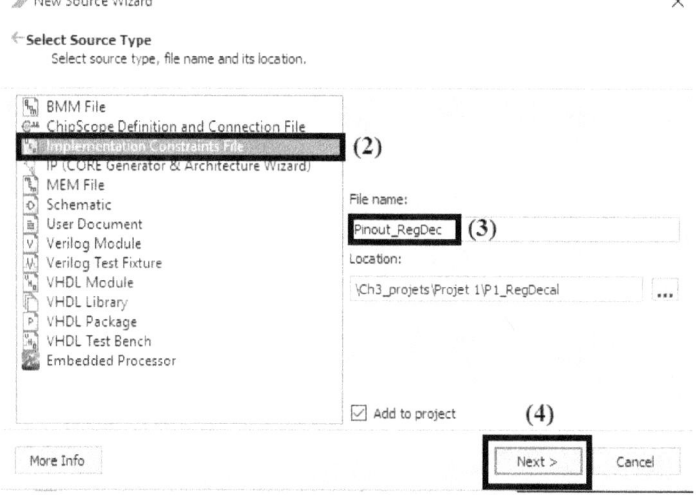

Figure 47 : Etape 2-4 : Définition du nom du fichier

Figure 48 : Etape 5 : Finalisation de création du fichier pinout

Le contenu du fichier UCF du registre à décalage :

```
# Alimentation
CONFIG VCCAUX = "3.3" ;

# Horloge 12 MHz
NET "Clk"        LOC = P129 | IOSTANDARD = LVCMOS33 | PERIOD = 12MHz;


# LED / Données Sortie
NET "D_out[0]"   LOC = P46  | IOSTANDARD = LVCMOS33 | DRIVE = 12;
NET "D_out[1]"   LOC = P47  | IOSTANDARD = LVCMOS33 | DRIVE = 12;
NET "D_out[2]"   LOC = P48  | IOSTANDARD = LVCMOS33 | DRIVE = 12;
NET "D_out[3]"   LOC = P49  | IOSTANDARD = LVCMOS33 | DRIVE = 12;
NET "D_out[4]"   LOC = P50  | IOSTANDARD = LVCMOS33 | DRIVE = 12;
NET "D_out[5]"   LOC = P51  | IOSTANDARD = LVCMOS33 | DRIVE = 12;
NET "D_out[6]"   LOC = P54  | IOSTANDARD = LVCMOS33 | DRIVE = 12;
NET "D_out[7]"   LOC = P55  | IOSTANDARD = LVCMOS33 | DRIVE = 12;

# DP Switch / Données Entrée
NET "D_in[0]"    LOC = P70  | IOSTANDARD = LVCMOS33 | DRIVE = 12;
NET "D_in[1]"    LOC = P69  | IOSTANDARD = LVCMOS33 | DRIVE = 12;
NET "D_in[2]"    LOC = P68  | IOSTANDARD = LVCMOS33 | DRIVE = 12;
NET "D_in[3]"    LOC = P64  | IOSTANDARD = LVCMOS33 | DRIVE = 12;
NET "D_in[4]"    LOC = P63  | IOSTANDARD = LVCMOS33 | DRIVE = 12;
NET "D_in[5]"    LOC = P60  | IOSTANDARD = LVCMOS33 | DRIVE = 12;
NET "D_in[6]"    LOC = P59  | IOSTANDARD = LVCMOS33 | DRIVE = 12;
NET "D_in[7]"    LOC = P58  | IOSTANDARD = LVCMOS33 | DRIVE = 12;


# Boutons poussoirs / Mode / Rst
NET "Rst"        LOC = P80  | IOSTANDARD = LVCMOS33 | DRIVE = 12;
NET "Dec_droit"  LOC = P79  | IOSTANDARD = LVCMOS33 | DRIVE = 12;
NET "Dec_gauch"  LOC = P78  | IOSTANDARD = LVCMOS33 | DRIVE = 12;
```

Le kit Elbert V2 Spartran 3A est menu d'un fichier complet des pins du FPGA et les interconnexions envisageables avec les périphériques externes (LED, Afficheurs,...) ainsi que la plupart des contraintes possibles des pins. Vous pouvez également le télécharger gratuitement dans le site du constructeur. On prend l'exemple du pin 0 de la donnée de sortie :

```
NET "D_out[0]"   LOC = P46  | IOSTANDARD = LVCMOS33 | DRIVE = 12;
```

NET " Nom_pin" **LOC** = P46 : Indique à l'outil Xilinx la position du pin " Nom_pin" (**NET**) sur FPGA. Dans cet exemple, la location (**LOC**) vaut P46 (Chaque pin sur FPGA à un nom et vous trouverez la nomination des pins de chaque circuit FPGA dans le datasheet). Le nom peut être scalaire, vecteur ou une matrice.

- Pour un nom scalaire, il suffit de préciser le nom du pin
- Pour une variable multidimensionnelle, vous précisez la location de chaque élément en utilisant la syntaxe suivante : Nom_elem_i[i], Nom_elemij[i][j],...

IOSTANDARD = LVCMOS33 : La contrainte IOSTANDARD indique le type du pin d'E/S supporté par le circuit FPGA. Le pin peut avoir un format single ou différentielle (Voir le fichier : Spartan-3 Generation FPGA User Guide - Extended Spartan-3A, Spartan-3E, and Spartan-3 FPGA Families) [UG331]. LVCMOS33 est une logique single (un signal physique par rapport à la masse) semblable à la logique TTL mais avec une tension de 3.3V.

DRIVE = 12 : Le courant en mA du driver de sortie. Peut variée de 6mA à 24 mA en fonction de la famille utilisée

Plage d'alimentation et la consommation en courant des différents standards des E/S de la famille Spartran 3A:

Standard	V_{CCO}	Class	Spartan-3 FPGAs	Spartan-3E FPGAs	Extended Spartan-3A FPGAs
LVCMOS	1.2V	-	up to 6 mA	2 mA	up to 6 mA
	1.5V	-	up to 12 mA	up to 6 mA	up to 12 mA
	1.8V	-	up to 16 mA	up to 8 mA	up to 16 mA
	2.5V	-	up to 24 mA	up to 12 mA	up to 24 mA
	3.3V	-	up to 24 mA	up to 16 mA	up to 24 mA
LVTTL	3.3V	-	up to 24 mA	up to 16 mA	up to 24 mA
PCI33	3.0V	-	√	√	√
	3.3V	-	√	√	√
PCI66	3.0V	-		√	√
	3.3V	-		√	√
SSTL	1.8V	I	√	√	√
		II	√		√
	2.5V	I	√	√	√
		II	√		√
	3.3V	I			√
		II			√
HSTL	1.5V	I	√		√
		III	√		√
	1.8V	I	√	√	√
		II	√		√
		III	√	√	√
GTL	-	-	√		
	-	Plus	√		
DCI option	-	-	√		

Figure 49 : Standard des E/S de type single

IOSTANDARD	Output Drive Current (mA)						
	2	4	6	8	12	16	24
LVTTL	✓	✓	✓	✓	✓	✓	✓
LVCMOS33	✓	✓	✓	✓	✓	✓	Banks 1,3
LVCMOS25	✓	✓	✓	✓	✓	Banks 1,3	Banks 1,3
LVCMOS18	✓	✓	✓	✓	Banks 1,3	Banks 1,3	
LVCMOS15	✓	✓	✓	Banks 1,3	Banks 1,3		
LVCMOS12	✓	Banks 1,3	Banks 1,3				

Figure 50 : Consommation en courant du driver pour les divers standard LVCMOS

On verra plus loin que la contrainte **IOSTANDARD** pour définir également le type de buffer utilisé par le pin.

SLEW = SLOW ou FAST : l'attribue Slew permet de définir la Slewrate du buffer ou la vitesse de balayage de l'E/S.

Note : Les contraintes peuvent être concaténées dans une seule ligne en utilisant l'opérateur « | » comme il est illustré dans le fichier de contraint du registre à décalage. Ci-dessous, le contenu complet du fichier UCF du kit Elbert V2 :

```
#++++++++++++++++++++++++++++++++++++++++++++++++++++++++++++++++++++++++++++++#
# This file is a .ucf for ElbertV2 Development Board                            #
# To use it in your project :                                                   #
# * Remove or comment the lines corresponding to unused pins in the project     #
# * Rename the used signals according to the your project                      #
#++++++++++++++++++++++++++++++++++++++++++++++++++++++++++++++++++++++++++++++#

#*******************************************************************************#
#                              UCF for ElbertV2 Development Board               #
#*******************************************************************************#
CONFIG VCCAUX = "3.3" ;

# Clock 12 MHz
NET "Clk" LOC = P129  | IOSTANDARD = LVCMOS33 | PERIOD = 12MHz;

################################################################################
#                                    VGA
################################################################################

NET "HSync"     LOC = P93  | IOSTANDARD = LVCMOS33 | SLEW = SLOW | DRIVE = 12;
NET "VSync"     LOC = P92  | IOSTANDARD = LVCMOS33 | SLEW = SLOW | DRIVE = 12;
NET "Blue[2]"   LOC = P98  | IOSTANDARD = LVCMOS33 | SLEW = SLOW | DRIVE = 12;
NET "Blue[1]"   LOC = P96  | IOSTANDARD = LVCMOS33 | SLEW = SLOW | DRIVE = 12;
NET "Green[2]"  LOC = P102 | IOSTANDARD = LVCMOS33 | SLEW = SLOW | DRIVE = 12;
NET "Green[1]"  LOC = P101 | IOSTANDARD = LVCMOS33 | SLEW = SLOW | DRIVE = 12;
NET "Green[0]"  LOC = P99  | IOSTANDARD = LVCMOS33 | SLEW = SLOW | DRIVE = 12;
NET "Red[2]"    LOC = P105 | IOSTANDARD = LVCMOS33 | SLEW = SLOW | DRIVE = 12;
NET "Red[1]"    LOC = P104 | IOSTANDARD = LVCMOS33 | SLEW = SLOW | DRIVE = 12;
NET "Red[0]"    LOC = P103 | IOSTANDARD = LVCMOS33 | SLEW = SLOW | DRIVE = 12;

################################################################################
#                                Micro SD Card
################################################################################

NET "CLK" LOC = P57  | IOSTANDARD = LVCMOS33 | SLEW = SLOW | DRIVE = 12;
NET "DAT0"LOC = P83  | IOSTANDARD = LVCMOS33 | SLEW = SLOW | DRIVE = 12;
```

```
NET "DAT1" LOC = P82     | IOSTANDARD = LVCMOS33 | SLEW = SLOW | DRIVE = 12;
NET "DAT2" LOC = P90     | IOSTANDARD = LVCMOS33 | SLEW = SLOW | DRIVE = 12;
NET "DAT3" LOC = P85     | IOSTANDARD = LVCMOS33 | SLEW = SLOW | DRIVE = 12;
NET "CMD"  LOC = P84     | IOSTANDARD = LVCMOS33 | SLEW = SLOW | DRIVE = 12;

################################################################################
#                                  Audio
################################################################################

NET "AUDIO_L"   LOC = P88  | IOSTANDARD = LVCMOS33 | SLEW = SLOW | DRIVE = 12;
NET "AUDIO_R"   LOC = P87  | IOSTANDARD = LVCMOS33 | SLEW = SLOW | DRIVE = 12;

################################################################################
#                            Seven Segment Display
################################################################################

NET "SevenSegment[7]"    LOC = P117 | IOSTANDARD = LVCMOS33 | SLEW = SLOW | DRIVE = 12;
NET "SevenSegment[6]"    LOC = P116 | IOSTANDARD = LVCMOS33 | SLEW = SLOW | DRIVE = 12;
NET "SevenSegment[5]"    LOC = P115 | IOSTANDARD = LVCMOS33 | SLEW = SLOW | DRIVE = 12;
NET "SevenSegment[4]"    LOC = P113 | IOSTANDARD = LVCMOS33 | SLEW = SLOW | DRIVE = 12;
NET "SevenSegment[3]"    LOC = P112 | IOSTANDARD = LVCMOS33 | SLEW = SLOW | DRIVE = 12;
NET "SevenSegment[2]"    LOC = P111 | IOSTANDARD = LVCMOS33 | SLEW = SLOW | DRIVE = 12;
NET "SevenSegment[1]"    LOC = P110 | IOSTANDARD = LVCMOS33 | SLEW = SLOW | DRIVE = 12;
NET "SevenSegment[0]"    LOC = P114 | IOSTANDARD = LVCMOS33 | SLEW = SLOW | DRIVE = 12;

NET "Enable[2]"          LOC = P124 | IOSTANDARD = LVCMOS33 | SLEW = SLOW | DRIVE = 12;
NET "Enable[1]"          LOC = P121 | IOSTANDARD = LVCMOS33 | SLEW = SLOW | DRIVE = 12;
NET "Enable[0]"          LOC = P120 | IOSTANDARD = LVCMOS33 | SLEW = SLOW | DRIVE = 12;

################################################################################
#                                   LED
################################################################################

NET "LED[0]"    LOC = P46  | IOSTANDARD = LVCMOS33 | SLEW = SLOW | DRIVE = 12;
NET "LED[1]"    LOC = P47  | IOSTANDARD = LVCMOS33 | SLEW = SLOW | DRIVE = 12;
NET "LED[2]"    LOC = P48  | IOSTANDARD = LVCMOS33 | SLEW = SLOW | DRIVE = 12;
NET "LED[3]"    LOC = P49  | IOSTANDARD = LVCMOS33 | SLEW = SLOW | DRIVE = 12;
NET "LED[4]"    LOC = P50  | IOSTANDARD = LVCMOS33 | SLEW = SLOW | DRIVE = 12;
NET "LED[5]"    LOC = P51  | IOSTANDARD = LVCMOS33 | SLEW = SLOW | DRIVE = 12;
NET "LED[6]"    LOC = P54  | IOSTANDARD = LVCMOS33 | SLEW = SLOW | DRIVE = 12;
NET "LED[7]"    LOC = P55  | IOSTANDARD = LVCMOS33 | SLEW = SLOW | DRIVE = 12;

################################################################################
#                                DP Switches
################################################################################

NET "DPSwitch[0]"    LOC = P70  | PULLUP | IOSTANDARD = LVCMOS33 | SLEW = SLOW | DRIVE = 12;
NET "DPSwitch[1]"    LOC = P69  | PULLUP | IOSTANDARD = LVCMOS33 | SLEW = SLOW | DRIVE = 12;
NET "DPSwitch[2]"    LOC = P68  | PULLUP | IOSTANDARD = LVCMOS33 | SLEW = SLOW | DRIVE = 12;
NET "DPSwitch[3]"    LOC = P64  | PULLUP | IOSTANDARD = LVCMOS33 | SLEW = SLOW | DRIVE = 12;
NET "DPSwitch[4]"    LOC = P63  | PULLUP | IOSTANDARD = LVCMOS33 | SLEW = SLOW | DRIVE = 12;
NET "DPSwitch[5]"    LOC = P60  | PULLUP | IOSTANDARD = LVCMOS33 | SLEW = SLOW | DRIVE = 12;
NET "DPSwitch[6]"    LOC = P59  | PULLUP | IOSTANDARD = LVCMOS33 | SLEW = SLOW | DRIVE = 12;
NET "DPSwitch[7]"    LOC = P58  | PULLUP | IOSTANDARD = LVCMOS33 | SLEW = SLOW | DRIVE = 12;

################################################################################
#                                  Switches
################################################################################

NET "Switch[0]" LOC = P80  | PULLUP | IOSTANDARD = LVCMOS33 | SLEW = SLOW | DRIVE = 12;
NET "Switch[1]" LOC = P79  | PULLUP | IOSTANDARD = LVCMOS33 | SLEW = SLOW | DRIVE = 12;
NET "Switch[2]" LOC = P78  | PULLUP | IOSTANDARD = LVCMOS33 | SLEW = SLOW | DRIVE = 12;
NET "Switch[3]" LOC = P77  | PULLUP | IOSTANDARD = LVCMOS33 | SLEW = SLOW | DRIVE = 12;
NET "Switch[4]" LOC = P76  | PULLUP | IOSTANDARD = LVCMOS33 | SLEW = SLOW | DRIVE = 12;
NET "Switch[5]" LOC = P75  | PULLUP | IOSTANDARD = LVCMOS33 | SLEW = SLOW | DRIVE = 12;

################################################################################
#                                   GPIO
################################################################################

################################################################################
# HEADER P1
################################################################################
NET "IO_P1[0]"  LOC = P31  | IOSTANDARD = LVCMOS33 | SLEW = SLOW | DRIVE = 12;
NET "IO_P1[1]"  LOC = P32  | IOSTANDARD = LVCMOS33 | SLEW = SLOW | DRIVE = 12;
NET "IO_P1[2]"  LOC = P28  | IOSTANDARD = LVCMOS33 | SLEW = SLOW | DRIVE = 12;
NET "IO_P1[3]"  LOC = P30  | IOSTANDARD = LVCMOS33 | SLEW = SLOW | DRIVE = 12;
NET "IO_P1[4]"  LOC = P27  | IOSTANDARD = LVCMOS33 | SLEW = SLOW | DRIVE = 12;
NET "IO_P1[5]"  LOC = P29  | IOSTANDARD = LVCMOS33 | SLEW = SLOW | DRIVE = 12;
NET "IO_P1[6]"  LOC = P24  | IOSTANDARD = LVCMOS33 | SLEW = SLOW | DRIVE = 12;
NET "IO_P1[7]"  LOC = P25  | IOSTANDARD = LVCMOS33 | SLEW = SLOW | DRIVE = 12;

################################################################################
# HEADER P6
################################################################################

NET "IO_P6[0]"  LOC = P19  | IOSTANDARD = LVCMOS33 | SLEW = SLOW | DRIVE = 12;
```

```
NET "IO_P6[1]"  LOC = P21   | IOSTANDARD = LVCMOS33 | SLEW = SLOW | DRIVE = 12;
NET "IO_P6[2]"  LOC = P18   | IOSTANDARD = LVCMOS33 | SLEW = SLOW | DRIVE = 12;
NET "IO_P6[3]"  LOC = P20   | IOSTANDARD = LVCMOS33 | SLEW = SLOW | DRIVE = 12;
NET "IO_P6[4]"  LOC = P15   | IOSTANDARD = LVCMOS33 | SLEW = SLOW | DRIVE = 12;
NET "IO_P6[5]"  LOC = P16   | IOSTANDARD = LVCMOS33 | SLEW = SLOW | DRIVE = 12;
NET "IO_P6[6]"  LOC = P12   | IOSTANDARD = LVCMOS33 | SLEW = SLOW | DRIVE = 12;
NET "IO_P6[7]"  LOC = P13   | IOSTANDARD = LVCMOS33 | SLEW = SLOW | DRIVE = 12;

###############################################################################
# HEADER P2
###############################################################################

NET "IO_P2[0]"  LOC = P10   | IOSTANDARD = LVCMOS33 | SLEW = SLOW | DRIVE = 12;
NET "IO_P2[1]"  LOC = P11   | IOSTANDARD = LVCMOS33 | SLEW = SLOW | DRIVE = 12;
NET "IO_P2[2]"  LOC = P7    | IOSTANDARD = LVCMOS33 | SLEW = SLOW | DRIVE = 12;
NET "IO_P2[3]"  LOC = P8    | IOSTANDARD = LVCMOS33 | SLEW = SLOW | DRIVE = 12;
NET "IO_P2[4]"  LOC = P3    | IOSTANDARD = LVCMOS33 | SLEW = SLOW | DRIVE = 12;
NET "IO_P2[5]"  LOC = P5    | IOSTANDARD = LVCMOS33 | SLEW = SLOW | DRIVE = 12;
NET "IO_P2[6]"  LOC = P4    | IOSTANDARD = LVCMOS33 | SLEW = SLOW | DRIVE = 12;
NET "IO_P2[7]"  LOC = P6    | IOSTANDARD = LVCMOS33 | SLEW = SLOW | DRIVE = 12;

###############################################################################
# HEADER P4
###############################################################################

NET "IO_P4[0]"  LOC = P141  | IOSTANDARD = LVCMOS33 | SLEW = SLOW | DRIVE = 12;
NET "IO_P4[1]"  LOC = P143  | IOSTANDARD = LVCMOS33 | SLEW = SLOW | DRIVE = 12;
NET "IO_P4[2]"  LOC = P138  | IOSTANDARD = LVCMOS33 | SLEW = SLOW | DRIVE = 12;
NET "IO_P4[3]"  LOC = P139  | IOSTANDARD = LVCMOS33 | SLEW = SLOW | DRIVE = 12;
NET "IO_P4[4]"  LOC = P134  | IOSTANDARD = LVCMOS33 | SLEW = SLOW | DRIVE = 12;
NET "IO_P4[5]"  LOC = P135  | IOSTANDARD = LVCMOS33 | SLEW = SLOW | DRIVE = 12;
NET "IO_P4[6]"  LOC = P130  | IOSTANDARD = LVCMOS33 | SLEW = SLOW | DRIVE = 12;
NET "IO_P4[7]"  LOC = P132  | IOSTANDARD = LVCMOS33 | SLEW = SLOW | DRIVE = 12;

###############################################################################
# HEADER P5
###############################################################################
# Two input PINs of P5 Header IO_P5[1] and IO_P5[7].

NET "IO_P5[0]"  LOC = P125  | IOSTANDARD = LVCMOS33 | SLEW = SLOW | DRIVE = 12;
NET "IO_P5[1]"  LOC = P123  | IOSTANDARD = LVCMOS33 | SLEW = SLOW | DRIVE = 12 | PULLUP;
NET "IO_P5[2]"  LOC = P127  | IOSTANDARD = LVCMOS33 | SLEW = SLOW | DRIVE = 12;
NET "IO_P5[3]"  LOC = P126  | IOSTANDARD = LVCMOS33 | SLEW = SLOW | DRIVE = 12;
NET "IO_P5[4]"  LOC = P131  | IOSTANDARD = LVCMOS33 | SLEW = SLOW | DRIVE = 12;
NET "IO_P5[5]"  LOC = P91   | IOSTANDARD = LVCMOS33 | SLEW = SLOW | DRIVE = 12;
NET "IO_P5[6]"  LOC = P142  | IOSTANDARD = LVCMOS33 | SLEW = SLOW | DRIVE = 12;
NET "IO_P5[7]"  LOC = P140  | IOSTANDARD = LVCMOS33 | SLEW = SLOW | DRIVE = 12 | PULLUP;
```

Le test du programme nécessite le kit de développement Elbert V2. Après des essais sur le kit, il est indispensable de prendre en considération, dans le programme VHDL, les modifications matérielles suivantes :

- Les boutons poussoirs sont par défaut en état haut '1' (logique négative) ;
- Le Switch (DIP SWITCH) contient 8 interrupteurs montés en inverse dans le kit. Autrement dit, le numéro effectif '1' se trouve dans la patte numéro '8' du Switch. Ainsi, le mode du Switch est inversé et le mode 'ON' correspond à l'état bas du Switch.

Les modifications apportées sur le programme :

Dans le cas du registre à décalage, on a branché trois signaux dans les boutons poussoirs (Rst, Dec_droit et Dec_gauch). Pour que le programme fonctionne correctement, il faut inverser l'état des trois signaux come suit :

```
if Rst ='0' then à la place de if Rst ='1' then

Dec_DG <= not(Dec_droit & Dec_gauch);
à la place de   Dec_DG <= Dec_droit & Dec_gauch;
```

Concernant le problème de l'ordre des pins (Switch), vous pouvez changer le fichier UCF en inversant l'ordre chronologique des pins du DIP SWITCH.

3.2. Compteur binaire

3.2.1. Analyse de fonctionnement

La fonction du comptage/temporisation est très importante dans les systèmes numériques. Elle consiste à compter les événements par rapport à une horloge de référence. Un compteur est caractérisé par sa résolution binaire, la possibilité d'effectuer le comptage/décomptage, le pas d'incrémentation et autres fonctions supplémentaires. Dans ce projet sur le compteur binaire, on va se limiter à la possibilité du comptage/décomptage avec une résolution sur N bits et un pas d'incrémentation égal à 1.

La figure ci-dessous illustre l'entité CountBin qu'on aura l'occasion de réaliser tout au long du projet.

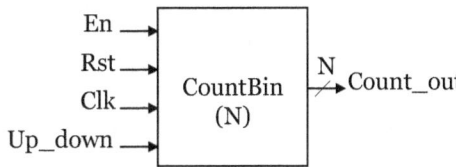

Figure 51 : Entité du compteur binaire

Entrées :

- En : entrée d'activation et blocage du comptage (effet mémoire)
- Rst : entrée de réinitialisation synchrone
- Clk : Horloge du compteur
- Up_down : Entrée du mode du compteur ('0' : Mode compteur, '1' : Mode décompteur)

Sortie :

- Count_out : c'est la sortie sur N bits qui permet l'accès aux différents rapports de division du compteur.

Chaque sortie du compteur, est une division par 2^n par rapport à la fréquence de référence F_{Clk} du circuit avec n allant de 1 à N-1. Prenons l'exemple de N =2, donc on a $2^2 = 4$ sorties. Le compteur peut être utilisé comme étant un générateur de fréquence avec des rapports différents (2, 4, 8 et 16) :

- ✓ Sortie 1 : $F_1 = \dfrac{F_{Clk}}{2}$
- ✓ Sortie 2 : $F_2 = \dfrac{F_{Clk}}{4}$
- ✓ Sortie 3 : $F_3 = \dfrac{F_{Clk}}{8}$
- ✓ Sortie 4 : $F_4 = \dfrac{F_{Clk}}{16}$

Si on regarde les sorties entières du compteur comme étant un bus de taille N. Pour chaque coup d'horloge, le compteur s'incrémente d'un pas (d'une valeur égale à 1). La dynamique du compteur varie entre 0 et 2^N-1 (0-255 pour un compteur sur 8 bits).

Le compteur qu'on va étudier est de type synchrone que l'on appelle aussi compeur parallèle. Toutes les bascules constituant le compteur, ont une horloge commune afin de garantir la simultanéité des changements d'états. Les compteurs synchrones ont la possibilité de monter en vitesse contrairement aux compteurs asynchrones. Ces derniers, sont représentés par une succession de bascules qui augmentent le chemin critique et réduit donc la fréquence maximale de fonctionnement.

Le compteur est menu d'une entrée synchrone d'activation En = '1' ou de blocage du compteur et elle va nous permettre d'observer l'état du compteur dans le cas d'utilisation des hautes fréquences.

La fréquence d'horloge F_{Clk} disposée par le kit Elbert V2, est de 12 Mhz (période de 83.33 ns). On va utiliser une résolution binaire de N bits pour observer à l'œil l'évolution du compteur. On prend une période maximale d'une seconde qui correspond à $\frac{F_{Clk}}{2^N}$, d'où :

$$\frac{F_{Clk}}{2^N} = 1 => N = \frac{\ln(F_{Clk})}{\ln(2)} = 23.51$$

$$N = 23.51 \, bits$$

On pratique, on prend une résolution binaire de N=24, qui correspond à une période maximale T_{24} de la sortie 24 de valeur égale :

$$T_{24} = 2^{24} \cdot T_{Clk} = \frac{2^{24}}{F_{Clk}} = 1.3981s$$

La période du signal 24 vaut 1.398 secondes, donc un signal lisible par l'œil. On pourra aussi observer l'état de la sortie 23 ($1.3981s/2$), 22 ($1.3981s/4$), Etc. Le kit Elbet V2 permet d'observer 8 bits en utilisant 8 LED (D1…D8).

3.2.2. Synthèse en VHDL

3.2.2.1. Programme

```
library ieee;
use ieee.std_logic_1164.all;
use ieee.std_logic_unsigned.all;

entity CountBin is
    Generic(
            N           : positive:= 25
        );
    Port(
            En          : in  STD_LOGIC;
            Rst         : in  STD_LOGIC;
            Clk         : in  STD_LOGIC;
            Up_down     : in  STD_LOGIC;
            Count_out   : out STD_LOGIC_VECTOR(N-1 downto 0)
        );
end CountBin;

architecture Behavioral of CountBin is

signal Count_out_tmp: STD_LOGIC_VECTOR(N-1 downto 0):=(others =>'0');
signal Up_down_tmp : STD_LOGIC:='0';
```

```
begin
    P_count : process(Rst, Clk, En, Up_down_tmp )
    begin
        if Clk = '1' and Clk'event then

            -- Initialisation synchrone
            if Rst ='1' then
                Count_out_tmp <= (others => '0');

            else
                -- Entrée d'activation (fonctionnement normal)
                if En = '1' then

                    -- Mode compteur
                    if Up_down_tmp ='0' then
                        Count_out_tmp <= Count_out_tmp + 1;

                    -- Mode décompteur
                    else
                        Count_out_tmp <= Count_out_tmp - 1;
                        if Count_out_tmp = x"000000" then
                            Count_out_tmp <= (others =>'1');
                        end if;
                    end if;

                -- Entrée d'activation (fonctionnement de mémorisation)
                else
                    Count_out_tmp <= Count_out_tmp;
                end if;
            end if;
        end if ;
    end process;
    -- Affectation des signaux
    Count_out <= Count_out_tmp;
    Up_down_tmp <= Up_down;
end Behavioral;
```

Note : le compteur utilise une entrée de réinitialisation synchrone et le test du signal de réinitialisation est réalisé après l'arrivé de chaque front d'horloge. La réinitialisation est dite synchrone si elle est utilisée à l'intérieur de la boucle de l'horloge comme il est illustré ci-dessous :

```
if Clk = '1' and Clk'event then
if Rst ='1' then
        Count_out_tmp <= (others => '0');
        …
    Else
        …
    End if;
        …
End if;
```

Idem pour le signal d'activation (En), il est utilisé à l'intérieur de la boucle d'horloge Clk. Le cœur du compteur est constitué par le bout de code suivant :

```
-- Mode compteur
if Up_down_tmp ='0' then
Count_out_tmp <= Count_out_tmp + 1;

-- Mode décompteur
else
Count_out_tmp <= Count_out_tmp - 1;
if Count_out_tmp = x"000000" then
    Count_out_tmp <= (others =>'1');
end if;
end if;
```

Dans la phase du comptage (Up_down_tmp ='0'), pour chaque front montant d'horloge, le signal Count_out_tmp s'incrémente de '1'. Lorsque le compteur atteint la valeur maximale ('1' partout), il se remet à zéro automatiquement par l'effet de débordement naturel (

Exemple : 'FF' + '1' = '00' avec un bit de débordement égal 1. Ce dernier, ne sera pas pris en compte puisque la taille du compteur est fixée par sa résolution).

Le bit de débordement (ou retenue), peut être utilisé pour indiquer la fin du comptage. Le code ci-dessous, indique comment détecter la fin du comptage :

```
…
Signal Count_end :std_logic :='0';
…
If count = x"ff" then
    Count_end <= '1';
Else
    Count_end <= '0';
End if;
…
```

Le signal Count_end passe à '1' lorsque le compteur arrive à la valeur finale ('1' partout) pendant un cycle d'horloge. Ensuite, il revient à zéro dans le cas échant. Donc la durée de détection dure un cycle d'horloge.

Dans la phase de décomptage (Up_down_tmp ='1'), pour chaque front d'horloge, le signal temporel Count_out_tmp décrémente de '1'. Contrairement au mode compteur, il faut gérer l'arrivé à zéro du compteur. Lorsque le compteur arrive à zéro, il faut forcer le compteur à commencer par la valeur maximale du compteur (forçage à 1 de tous les bits de la sortie temporelle).

3.2.2.2. Simulation

```
LIBRARY ieee;
USE ieee.std_logic_1164.ALL;

ENTITY tb_CountBin IS
END tb_CountBin;

ARCHITECTURE behavior OF tb_CountBin IS

    -- Déclaration du composant à testé
    COMPONENT CountBin
    PORT(
        En       : IN  std_logic;
        Rst      : IN  std_logic;
        Clk      : IN  std_logic;
        Up_down  : IN  STD_LOGIC;
        Count_out : OUT std_logic_vector(24 downto 0)
        );
    END COMPONENT;

    --Entrées
    signal En : std_logic := '0';
    signal Rst : std_logic := '0';
    signal Clk : std_logic := '0';
    signal Up_down : std_logic := '0';

    --Sorties
    signal Count_out : std_logic_vector(24 downto 0);

    -- Définition de la période d'hologe (12 MHz)
    constant Clk_period : time := 83.333333 ns;
BEGIN

    -- Instanciation
    uut: CountBin PORT MAP (
        En => En,
        Rst => Rst,
        Clk => Clk,
        Up_down => Up_down,
        Count_out => Count_out
        );

    -- Processus de simulation
```

```
    Clk_process :process
    begin
        Clk <= '0';
        wait for Clk_period/2;
        Clk <= '1';
        wait for Clk_period/2;
    end process;

    UpDown_process :process
    begin
        Up_down <= '0';
        wait for 100*Clk_period;
        Up_down <= '1';
        wait for 130*Clk_period;
    end process;

    Rst_process :process
    begin
        Rst <= not(Rst);
        wait for 300*Clk_period;
    end process;
    En_process :process
    begin
        En <= not(En);
        wait for 200*Clk_period;
    end process;

--      Rst <= '0';
--      En <= '1';
END;
```

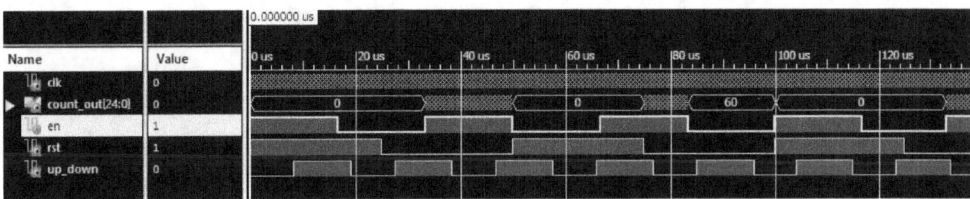

Figure 52 : Chronogrammes de mise en évidence du signal d'activation En et Rst

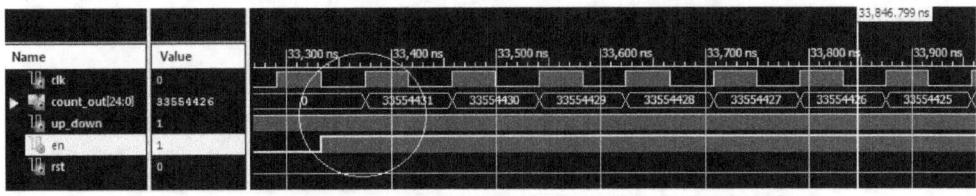

Figure 53 : Chronogramme de mise en évidence du mode décomptage

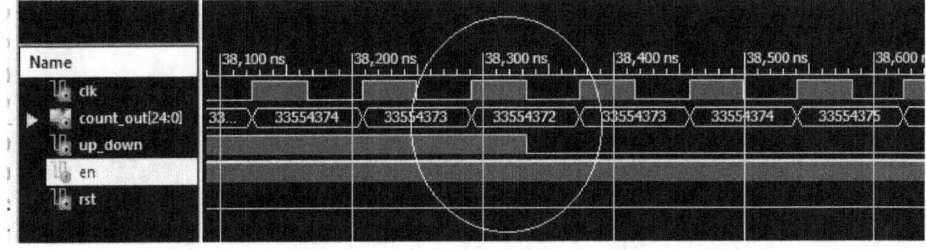

Figure 54 : Chronogramme de mise en évidence du mode comptage

On voit clairement dans les chronogrammes ci-dessus, le bon fonctionnement du compteur en mode compteur, décompteur ainsi que le fonctionnement des entrées de réinitialisation et de mise à zéro. Ceci, est expliqué précédemment dans la section sur l'analyse de fonctionnement.

Dans le mode décomptage, on voit que le compteur décrémente de la valeur maximale du compteur qui est égal à $33554431 = 2^{25} - 1$.

On constate aussi que parmi les signaux, l'entrée de réinitialisation a la priorité, puis l'entrée d'activation et ensuite l'entrée Up_down.

3.2.3. Implémentation sur Kit

Figure 55 : Schéma de câblage du compteur binaire avec FPGA

Le compteur est relié aux pins physiques du FPGA par l'intermédiaire des interconnexions illustrées dans la figure 52. Concernant la sortie du compteur sur 25 bits, on utilise uniquement les 8 bits du poids fort du bus Count_out (D17-D24) qui seront liés avec les 8 LED du kit Albert V2. L'horloge Clk est liée l'horloge maitre MCLK de 12 MHz. Les autres entrées, sont liées aux boutons poussoirs du kit.

Fichier pinout du compteur binaire :

```
# Alimentation
CONFIG VCCAUX = "3.3" ;

# Horloge 12 MHz
NET "Clk" LOC = P129  | IOSTANDARD = LVCMOS33 | PERIOD = 12MHz;

# LED / Données Sortie
NET "Count_out[17]" LOC = P46  | IOSTANDARD = LVCMOS33 | DRIVE = 12;
NET "Count_out[18]" LOC = P47  | IOSTANDARD = LVCMOS33 | DRIVE = 12;
NET "Count_out[19]" LOC = P48  | IOSTANDARD = LVCMOS33 | DRIVE = 12;
NET "Count_out[20]" LOC = P49  | IOSTANDARD = LVCMOS33 | DRIVE = 12;
NET "Count_out[21]" LOC = P50  | IOSTANDARD = LVCMOS33 | DRIVE = 12;
NET "Count_out[22]" LOC = P51  | IOSTANDARD = LVCMOS33 | DRIVE = 12;
NET "Count_out[23]" LOC = P54  | IOSTANDARD = LVCMOS33 | DRIVE = 12;
NET "Count_out[24]" LOC = P55  | IOSTANDARD = LVCMOS33 | DRIVE = 12;

# Bouton poussoirs / Direction / Rst
NET "Rst"     LOC = P80 | IOSTANDARD = LVCMOS33 | DRIVE = 12;
NET "En"      LOC = P79 | IOSTANDARD = LVCMOS33 | DRIVE = 12;
NET "Up_down" LOC = P78 | IOSTANDARD = LVCMOS33 | DRIVE = 12;
```

Note : Le reste des bits de bus de sortie Count_out (17 bits), sera affecté d'une façon aléatoire aux autres pins du FPGA. Lorsqu'on ne précise pas l'emplacement des signaux de l'entité, l'outil Xilinx affecte les pins à des emplacements aléatoires.

Comment savoir les emplacements des autres pins ?

Grâce à l'outil Xilinx ISE, nous pouvons savoir l'emplacement et l'application effective des contraintes (courant, type du driver, ...) dans le rapport de la synthèse. Ci-dessous, les étapes d'accès au rapport :

Etape 1 : Double clic sur « design Summary/Reports »

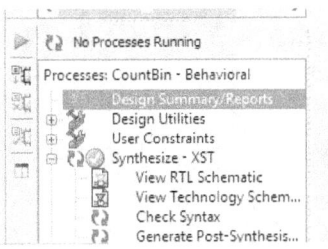

Etape 1 d'accès au rapport de contraintes

Etape 2 : Double clic sur « Pinout Report »

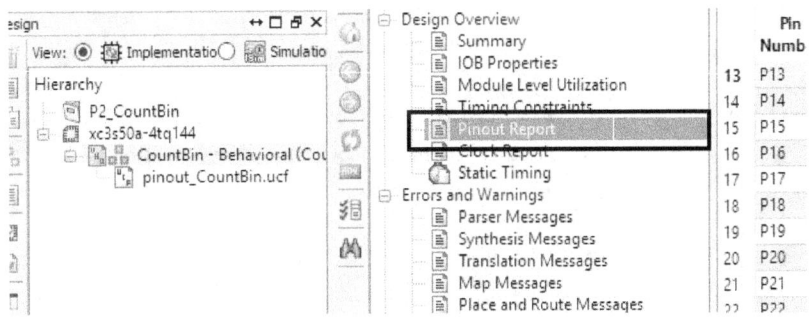

Etape 2 d'accès au rapport de contraintes

Après avoir cliqué sur « Pinout Report », un tableau s'affiche à droite :

	Pin (m)	Signal Name	Pin Usage	Pin Name	Direction	IO Standard	IO Bank Number	Drive (mA)	Slew Rate	Termination
1	P1			TMS						
2	P2			TDI						
3	P3		DIFFMLR	IO_L02P_3	UNUSED		3			
4	P4		DIFFMLR	IO_L01P_3	UNUSED		3			
5	P5		DIFFSLR	IO_L02N_3	UNUSED		3			
6	P6		DIFFSLR	IO_L01N_3	UNUSED		3			
7	P7		DIFFMLR	IO_L03P_3	UNUSED		3			
8	P8		DIFFSLR	IO_L03N_3	UNUSED		3			
9	P9			GND						
10	P10		DIFFMLR	IO_L04P_3	UNUSED		3			
11	P11		DIFFSLR	IO_L04N_3/VREF_3	UNUSED		3			
12	P12	Count_out<5>	IOB	IO_L05P_3/LHCLK0	OUTPUT	LVCMOS25*	3	12	SLOW	NONE**
13	P13	Count_out<7>	IOB	IO_L05N_3/LHCLK1	OUTPUT	LVCMOS25*	3	12	SLOW	NONE**
14	P14			VCCO_3			3			
15	P15		DIFFMLR	IO_L06P_3/LHCLK2	UNUSED		3			

Figure 56 : Tableau de synthèse des contraintes après synthèse

Le tableau, illustre l'emplacement effectif des signaux avec les pins physiques du FPGA, en respectant l'ensemble des contraintes affectées à chaque pin. On voit clairement la localisation des sorties 5 et 7 du compteur.

Le tableau est trié par défaut par le numéro du pin (à gauche). Vous pouvez cliquer en haut du tableau sur « signal name » pour trier par nom comme il est illustré dans la configuration ci-dessous. Les pins qui ne sont pas affectés ne disposent pas de nom et ça facilitera la localisation des positions des pins.

	Pin Number	Signal Name		Pin Usage	Pin Name	Direction	IO Standard	IO Bank Number	Drive (mA)	Slew Rate	Termination
1	P129	Clk		IBUF	IO_L08P_0/GCLK8	INPUT	LVCMO...	0			
2	P139	Count_out<0>		IOB	IO_L11N_0	OUTPUT	LVCMO...	0	12	SL...	NONE**
3	P134	Count_out<10>		IOB	IO_L10P_0	OUTPUT	LVCMO...	0	12	SL...	NONE**
4	P138	Count_out<11>		IOB	IO_L11P_0	OUTPUT	LVCMO...	0	12	SL...	NONE**
5	P121	Count_out<12>		IOB	IO_L05N_0	OUTPUT	LVCMO...	0	12	SL...	NONE**
6	P90	Count_out<13>		IOB	IO_L06P_1/RHCLK4	OUTPUT	LVCMO...	1	12	SL...	NONE**
7	P132	Count_out<14>		IOB	IO_L09N_0/GCLK11	OUTPUT	LVCMO...	0	12	SL...	NONE**
8	P87	Count_out<15>		IOB	IO_L05P_1/RHCLK2	OUTPUT	LVCMO...	1	12	SL...	NONE**
9	P130	Count_out<16>		IOB	IO_L09P_0/GCLK10	OUTPUT	LVCMO...	0	12	SL...	NONE**
10	P46	Count_out<17>		IOB	IO_L05P_2	OUTPUT	LVCMO...	2	12	SL...	NONE**
11	P47	Count_out<18>		IOB	IO_L06P_2	OUTPUT	LVCMO...	2	12	SL...	NONE**
12	P48	Count_out<19>		IOB	IO_L05N_2/D7	OUTPUT	LVCMO...	2	12	SL...	NONE**
13	P91	Count_out<1>		IOB	IO_L07P_1/IRDY1/RHCLK6	OUTPUT	LVCMO...	1	12	SL...	NONE**
14	P49	Count_out<20>		IOB	IO_L06N_2/D6	OUTPUT	LVCMO...	2	12	SL...	NONE**
15	P50	Count_out<21>		IOB	IO_L07P_2/D5	OUTPUT	LVCMO...	2	12	SL...	NONE**
16	P51	Count_out<22>		IOB	IO_L07N_2/D4	OUTPUT	LVCMO...	2	12	SL...	NONE**
17	P54	Count_out<23>		IOB	IO_L08P_2/GCLK14	OUTPUT	LVCMO...	2	12	SL...	NONE**
18	P55	Count_out<24>		IOB	IO_L08N_2/GCLK15	OUTPUT	LVCMO...	2	12	SL...	NONE**
19	P104	Count_out<2>		IOB	IO_L10N_1	OUTPUT	LVCMO...	1	12	SL...	NONE**
20	P131	Count_out<3>		IOB	IO_L08N_0/GCLK9	OUTPUT	LVCMO...	0	12	SL...	NONE**
21	P127	Count_out<4>		IOB	IO_L07N_0/GCLK7	OUTPUT	LVCMO...	0	12	SL...	NONE**
22	P125	Count_out<5>		IOB	IO_L07P_0/GCLK6	OUTPUT	LVCMO...	0	12	SL...	NONE**
23	P126	Count_out<6>		IOB	IO_L06N_0/GCLK5	OUTPUT	LVCMO...	0	12	SL...	NONE**
24	P124	Count_out<7>		IOB	IO_L06P_0/GCLK4	OUTPUT	LVCMO...	0	12	SL...	NONE**
25	P135	Count_out<8>		IOB	IO_L10N_0	OUTPUT	LVCMO...	0	12	SL...	NONE**
26	P120	Count_out<9>		IOB	IO_L05P_0	OUTPUT	LVCMO...	0	12	SL...	NONE**
27	P79	En		IBUF	IO_1	INPUT	LVCMO...	1			
28	P80	Rst		IBUF	IP_1/VREF_1	INPUT	LVCMO...	1			
29	P78	Up_down		IBUF	IO_L01N_1/LDC2	INPUT	LVCMO...	1			
30	P1				TMS						
31	P2				TDI						
32	P3			DIFFMLR	IO_L02P_3	UNUSED		3			
33	P4			DIFFMLR	IO_L01P_3	UNUSED		3			

Figure 57 : Rapport de contraintes triées par les noms des pins

On constate que les autres pins sont localisés d'une manière aléatoire (Ex : sortie 2 est localisée au pin P104, sortie 8 au P138, ...).

Astuce : Comment générer une horloge avec une fréquence différente de $\frac{F_{Clk}}{2^N}$?

Un compteur est par défaut équivalent à un diviseur de fréquence de référence F_{clk} par 2^N. Par contre, en pratique, on peut avoir besoin d'une fréquence différente de $\frac{F_{Clk}}{2^N}$. Dans ce cas, on peut utiliser la méthode présentée ci-dessous, pour générer une fréquence F_0 entre $\frac{F_{Clk}}{2^{N0}}$ et $\frac{F_{Clk}}{2^{N0-1}}$. La méthode, consiste à calculer une valeur N_{um0} de transition de la clock de référence qui permet d'obtenir la fréquence F_0.

Exemple : On considère un compteur binaire sur 3 bits avec une fréquence F_{clk} =80 Hz. Le compteur est équivalent à un diviseur de fréquence avec 3 sorties (S1, S2 et S3) avec les rapports suivants : S1 (/2), S2 (/4) et S3 (/8) donc (40 Hz, 20 Hz et 10 Hz).

S3	S2	S1	N$_{um}$
0	0	0	0
0	0	1	1
0	1	0	2
0	1	1	3
1	0	0	4
1	0	1	5
1	1	0	6
1	1	1	7

Figure 58 : Table de vérité des sorties du compteur

La technique est basée sur la mise à zéro du compteur lorsqu'on détecte la valeur numérique N$_{um0}$ qui correspond à une fréquence F$_0$ **et** inverser le signal d'horloge qui correspond à F$_0$. L'horloge générée a comme période T$_0$:

$$T0 = 2 * T_{Clk} * N_{um0} = \frac{1}{F_0}$$

$$F_0 = \frac{F_{Clk}}{2 * N_{um0}}$$

AN : Calcul de la fréquence qui correspond à la valeur 3 « 011 » : F$_0$ = 800/(2*3) = 133.33 Hz.

```
...
Constant Num0 :std_logic_vector(2 downto 0) :="011";
Signal F0_sig :std_logic :='0';
...
If count = Num0 then
    Count<= "000";
    F0_sig <= not(F0_sig);
End if;
...
```

Note : On appliquant cette technique, nous serons capable de produire la fréquence que nous voulons avec une précision dépendante de la résolution du compteur N ☺.

3.3. Gestion d'afficheur 7 segments

3.3.1. Analyse de fonctionnement

Les afficheurs 7 segments sont très utilisés dans les systèmes électroniques, particulièrement en affichage numérique. On va étudier le principe de fonctionnement d'un afficheur 7 segments et son utilisation.

La figure Ci-dessous, indique le schéma synoptique du projet. Il est constitué de trois parties essentielles :

- Afficheurs 7 segments
- Décodeur BCD au 7 Segments
- Sélecteur d'afficheur

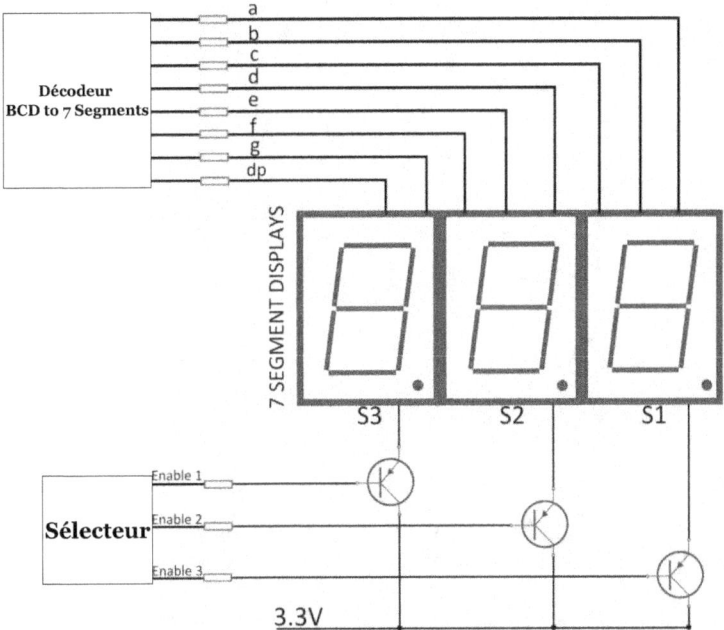

Figure 59 : Schéma synoptique du projet

3.3.1.1. Afficheur 7 segments

Tout d'abord, un afficheur 7 segments est un dispositif électronique d'affichage. Il est constitué de 7 entrées de données (a, b, c, d, e, f et g) et une entrée d'allumage du point dp. Chaque afficheur est menu d'une entrée d'activation/désactivation **Enable** (voir la figure 59).

L'afficheur est composé de 7 segments que l'on va pouvoir allumer ou non afin d'afficher les chiffres de 0 à 9. Les signaux de commande des segments, sont reliés à des LED. La figure 60, présente le schéma illustratif d'un afficheur 7 segments.

On distingue deux types d'afficheurs 7 segments :

- Afficheur à Anode commune : Toutes les anodes des segments sont reliées à l'alimentation d'où le nom de l'anode commune. L'activation d'un segment (allumage du LED) est assurée par la mise à la masse de la cathode (envoie de '0' logique). Lorsque la cathode est alimentée, la LED est éteinte.
- Afficheur à Cathode commune : Toutes les cathodes sont reliées à la masse. L'activation d'un segment est assurée par la mise sous tension (envois de '1' logique) de l'anode.

Note : L'anode commune utilise une logique négative (logique inversée). Par contre, la cathode commune, utilise une logique positive (logique normal).

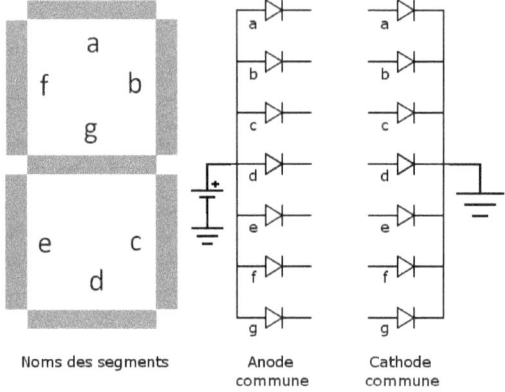

Figure 60 : Types d'affichages 7 segments et signification des segments

3.3.1.2. Décodeur BCD 7 segments

En premier temps, on peut contrôler l'afficheur directement par la mise à zéro ou à 1 des segments. L'inconvénient de la technique, est le nombre important des signaux. Dans ce cas, le contrôle nécessite 7 signaux de commande.

L'objectif d'utilisation d'un décodeur BCD à 7 segments, est la possibilité de contrôler l'afficheur uniquement avec 4 entrées permettant le codage des digits à afficher en binaire (code BCD). Le décodeur permet de commander les segments en fonction du digit à afficher. Grâce au décodeur, on peut réduire le nombre des signaux de commande de 7 à 4, donc un gain de 3 signaux.

L'afficheur utilisé dans le kit de développement, est de type anode commune. Ci-dessous, le tableau du décodeur BCD à 7 segments :

Valeur décimal	BCD	7 Segments
0	0000	**x"C0"**
1	0001	**x"F9"**
2	0010	**x"A4"**
3	0011	**x"B0"**
4	0100	**x"99"**
5	0101	**x"92"**
6	0110	**x"82"**
7	0111	**x"F8"**
8	1000	**x"80"**
9	1001	**x"90"**

Figure 61 : Tableau de décodeur BCD to 7 Segments

3.3.1.3. Sélecteur d'afficheur

Le sélecteur permet d'activer ou non l'afficheur. On distingue trois afficheurs et trois signaux de contrôle. Chaque afficheur peut être Controller indépendamment des autres.

Note : Le bus de données est branché en parallèle avec tous les afficheurs. Autrement dit, chaque donnée envoyée aux segments, sera envoyée à tous les afficheurs. On peut afficher les mêmes données sur tous les afficheurs en les activant.

La logique d'activation est une logique négative : il faut envoyer la valeur 0 pour activer un segment et 1 pour l'inhiber.

3.3.2. Synthèse en VHDL

3.3.2.1. Description de l'entité

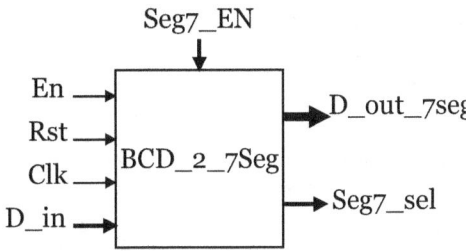

Figure 62 : Entité du contrôleur de l'afficheur 7 segments**Entrées :**

- D_in   : entrée BCD sur 4 bits
- Seg7_EN : entrée de sélection d'afficheur sur 3 bits
- Rst / En   : Entrées d'activation et initialisation

Sorties :

- D_ou_7seg : sorties 7 segments sur 8 bits
- Seg7_sel : Sorties de la mise en marche d'un ou plusieurs afficheurs

Le composant BCD_2_7seg permet d'envoyer une valeur décimale de 0 à 9 sous format 7 segments. L'utilisateur saisit la valeur par l'intermédiaire des 4 signaux D_in en respectant le tableau de codage illustré précédemment. Si l'utilisateur choisit une valeur non incluse dans le tableau, l'afficheur affiche la valeur 0.

Note : le codage de l'entrée est sur 4 bits(16 combinaisons d'entrée). Dans notre projet, la valeur à afficher est comprise entre 0 et 9 (10 valeurs). La valeur est instantanément affichée dans l'un ou plusieurs afficheurs.

3.3.2.2. Programme VHDL

```
library IEEE;
use IEEE.STD_LOGIC_1164.ALL;

entity BCD_2_7Seg is
    Port ( Clk         : in  STD_LOGIC;
           Rst         : in  STD_LOGIC;
           En          : in  STD_LOGIC;
           D_in        : in  STD_LOGIC_VECTOR (3 downto 0);
           Seg7_EN     : in  STD_LOGIC_VECTOR (2 downto 0);
           Seg7_sel    : out STD_LOGIC_VECTOR (2 downto 0);
           D_out_7seg  : out STD_LOGIC_VECTOR (7 downto 0));
end BCD_2_7Seg;

architecture Behavioral of BCD_2_7Seg is

signal D_in_tmp    : STD_LOGIC_VECTOR (3 downto 0):= (others => '0');
signal Seg7_EN_tmp : STD_LOGIC_VECTOR (2 downto 0):= (others => '0');
signal Seg7_sel_tmp : STD_LOGIC_VECTOR (2 downto 0):= (others => '0');

begin

    P_sel : process(Rst, Clk, En, D_in, Seg7_EN_tmp )
    begin
        if Clk = '1' and Clk'event then
            if Rst ='1' then
                Seg7_sel_tmp <= "111";
                D_in_tmp <= x"0";
            else
                if En = '1' then

                    -- Selection de l'afficheur
                    Seg7_sel_tmp <= not(Seg7_EN_tmp);

                    -- Lecture synchrone de l'entrée
                    D_in_tmp <= D_in;

                else
                    Seg7_sel_tmp <= "111";
                    D_in_tmp <= x"0";
                end if;
            end if;
        end if;
    end process;
    Seg7_EN_tmp <= Seg7_EN;
    Seg7_sel <= Seg7_sel_tmp;

    -- Décodeur BCD to 7 Segments
    D_out_7seg <=   x"C0" when  D_in_tmp = x"0" else
                    x"F9" when  D_in_tmp = x"1" else
                    x"A4" when  D_in_tmp = x"2" else
                    x"B0" when  D_in_tmp = x"3" else
                    x"99" when  D_in_tmp = x"4" else
                    x"92" when  D_in_tmp = x"5" else
                    x"82" when  D_in_tmp = x"6" else
                    x"F8" when  D_in_tmp = x"7" else
                    x"80" when  D_in_tmp = x"8" else
                    x"90" when  D_in_tmp = x"9" else
```

```
                              x"C0";
end Behavioral;
```

La synthèse en VHDL du composant contient deux parties essentielles :
- Un processus synchrone d'initialisation et la récupération de la valeur BCD sur 4 bits (D_in);
- Synthèse combinatoire du décodeur en utilisant la fonction When.

3.3.2.3. Syntaxe de la fonction when

```
D_out <= val_1 when  sel_val = val_sel1 else
         val_2 when  sel_val = val_sel2 else
         ...
         val_n_1 when  sel_val_n_1 = val_sel_n_1 else
         val_n;
```

La sortie D_out recopie la valeur val_i en fonction de la valeur de l'entrée de sélection sel_val. La fonction when génère une mémoire ROM sur FPGA qui contient les valeurs (val_1, val_2,... val_n). L'accès à une case de la mémoire, est assuré par la valeur de l'adresse sel_val (val_sel1,...). Ci-dessous, le schéma de synthèse en VHDL du programme :

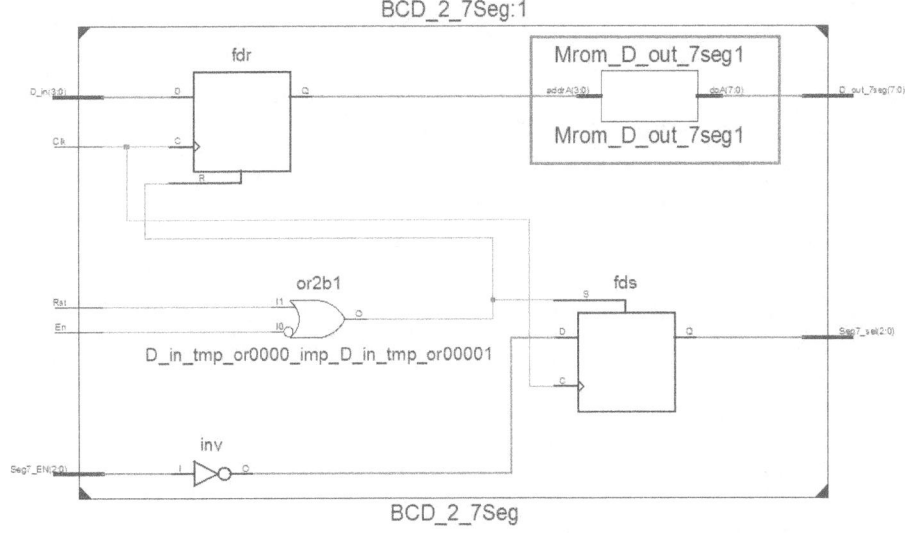

Figure 63 : Schéma de synthèse du décodeur avec la fonction when

La sortie Seg7_sel reçoit l'inverse de l'entrée Seg7_En. Cette dernière, est synchronisée par l'horloge Clk par l'intermédiaire d'une bascule D. Cette fonctionnalité est assurée par le processus synchrone déclaré dans le programme (voir le programme VHDL).

L'entrée d'adresse de la mémoire (D_in ou AddrA) est également synchronisée. L'objectif de la synchronisation des données de l'entrée avant leur utilisation, est de réduire les effets des transitions de données aux entrées sur les sorties (rebonds, temps de présence de données à l'entrée, ...).

Note : C'est fortement recommandé de synchroniser les entrées par une horloge avant leurs utilisations. On verra dans la suite de l'ouvrage, la syntaxe et l'utilisation de la fonction « select ». Cette dernière, est une fonction séquentielle qui nécessite un processus et peut être synchronisée par une horloge. La fonction When est une fonction combinatoire, qui ne peut pas être utilisée à l'intérieur d'un processus (erreur dans la synthèse).

3.3.2.4. Simulation

```vhdl
LIBRARY ieee;
USE ieee.std_logic_1164.ALL;

ENTITY tb_BCD_2_7Seg IS
END tb_BCD_2_7Seg;
ARCHITECTURE behavior OF tb_BCD_2_7Seg IS

    -- Déclaration du composant
    COMPONENT BCD_2_7Seg
    PORT(
        Clk : IN  std_logic;
        Rst : IN  std_logic;
        En : IN  std_logic;
        D_in : IN  std_logic_vector(3 downto 0);
        Seg7_EN : IN  std_logic_vector(2 downto 0);
        Seg7_sel : OUT  std_logic_vector(2 downto 0);
        D_out_7seg : OUT  std_logic_vector(7 downto 0)
        );
    END COMPONENT;

   -- Entrées
   signal Clk : std_logic := '0';
   signal Rst : std_logic := '0';
   signal En : std_logic := '0';
   signal D_in : std_logic_vector(3 downto 0) := (others => '0');
   signal Seg7_EN : std_logic_vector(2 downto 0) := (others => '0');

    -- Sorties
   signal Seg7_sel : std_logic_vector(2 downto 0);
   signal D_out_7seg : std_logic_vector(7 downto 0);

   -- période d'hologe (10 ns par défaut)
   constant Clk_period : time := 10 ns;
BEGIN

    -- Instanciation du composant
   uut: BCD_2_7Seg PORT MAP (
        Clk => Clk,
        Rst => Rst,
        En => En,
        D_in => D_in,
        Seg7_EN => Seg7_EN,
        Seg7_sel => Seg7_sel,
        D_out_7seg => D_out_7seg
        );

    -- Processus d'horloge
   Clk_process :process
   begin
        Clk <= '0';
        wait for Clk_period/2;
        Clk <= '1';
        wait for Clk_period/2;
   end process;

   Rst <= '0';
   En <= '1';

   D_in_process :process
   begin
        D_in <= x"0";
        wait for 10*Clk_period;

        D_in <= x"1";
        wait for 10*Clk_period;

        D_in <= x"2";
```

```vhdl
        wait for 10*Clk_period;

        D_in <= x"3";
        wait for 10*Clk_period;

        D_in <= x"4";
        wait for 10*Clk_period;

        D_in <= x"5";
        wait for 10*Clk_period;

        D_in <= x"B";
        wait for 10*Clk_period;

        D_in <= x"7";
        wait for 10*Clk_period;

        D_in <= x"8";
        wait for 10*Clk_period;

        D_in <= x"9";
        wait for 10*Clk_period;
    end process;

    -- Sélection
    Seg7_EN_process :process
    begin
        Seg7_EN <="001";
        wait for 20*Clk_period;

        Seg7_EN <="010";
        wait for 20*Clk_period;

        Seg7_EN <="111";
        wait for 20*Clk_period;
    end process;
END;
```

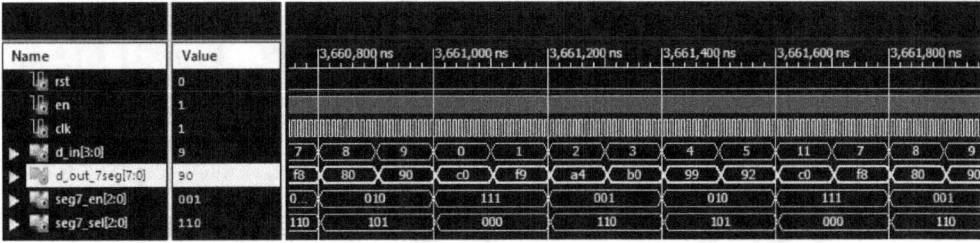

Figure 64 : Sorties du décodeur BCD 7 segments en fonction des entrées

La sortie « D_out_7seg » prend la valeur « 80 » lorsque l'entrée D_in est égale à 8, « C0 » (0), « F9 » (1) et « C0 » pour une entrée égale à 11. En conclusion, la sortie respecte le tableau de codage illustré précédemment pour chaque valeur du code BCD de l'entrée D_in.

La sortie de sélection Seg7_sel est le complément à 1 (inverse) de l'entrée Seg7_en. En pratique, il est intuitif de travailler avec la logique positive.

3.3.3. Implimentation sur Kit

Ci-dessous, vous avez le câblage des entrées et des sorties :

Entrées :

- Rst :   : Interrupteur 1 du switch
- En :   : Interrupteur 2
- D_in(0)   : Bouton poussoir 1

- D_in(1-3) : Interrupteurs 3-5

    Seg7_EN(0-2) : Interrupteurs 6-8

Sorties :

- D_out_7seg   : 8 pins internes du kit sont liés aux segments a-g
- Seg7_sel   : 3 pins internes liés aux entrées de sélections

Fichier pinout de l'afficher :

```
# Alimentation
CONFIG VCCAUX = "3.3" ;

# Clock 12 MHz
NET "Clk" LOC = P129  | IOSTANDARD = LVCMOS33 | PERIOD = 12MHz;

# Switch

NET "Rst"              LOC = P70  | PULLUP | IOSTANDARD = LVCMOS33 | SLEW = SLOW | DRIVE = 12;
NET "En"               LOC = P69  | PULLUP | IOSTANDARD = LVCMOS33 | SLEW = SLOW | DRIVE = 12;
NET "D_in[1]"          LOC = P68  | PULLUP | IOSTANDARD = LVCMOS33 | SLEW = SLOW | DRIVE = 12;
NET "D_in[2]"          LOC = P64  | PULLUP | IOSTANDARD = LVCMOS33 | SLEW = SLOW | DRIVE = 12;
NET "D_in[3]"          LOC = P63  | PULLUP | IOSTANDARD = LVCMOS33 | SLEW = SLOW | DRIVE = 12;
NET "Seg7_EN[0]"       LOC = P60  | PULLUP | IOSTANDARD = LVCMOS33 | SLEW = SLOW | DRIVE = 12;
NET "Seg7_EN[1]"       LOC = P59  | PULLUP | IOSTANDARD = LVCMOS33 | SLEW = SLOW | DRIVE = 12;
NET "Seg7_EN[2]"       LOC = P58  | PULLUP | IOSTANDARD = LVCMOS33 | SLEW = SLOW | DRIVE = 12;

# BP
NET "D_in[0]"          LOC = P80  | PULLUP | IOSTANDARD = LVCMOS33 | SLEW = SLOW | DRIVE = 12;

# Afficheur 7 Segments

# Données
NET "D_out_7seg[0]"  LOC = P117 | IOSTANDARD = LVCMOS33 | SLEW = FAST | DRIVE = 12;
NET "D_out_7seg[1]"  LOC = P116 | IOSTANDARD = LVCMOS33 | SLEW = FAST | DRIVE = 12;
NET "D_out_7seg[2]"  LOC = P115 | IOSTANDARD = LVCMOS33 | SLEW = FAST | DRIVE = 12;
NET "D_out_7seg[3]"  LOC = P113 | IOSTANDARD = LVCMOS33 | SLEW = FAST | DRIVE = 12;
NET "D_out_7seg[4]"  LOC = P112 | IOSTANDARD = LVCMOS33 | SLEW = FAST | DRIVE = 12;
NET "D_out_7seg[5]"  LOC = P111 | IOSTANDARD = LVCMOS33 | SLEW = FAST | DRIVE = 12;
NET "D_out_7seg[6]"  LOC = P110 | IOSTANDARD = LVCMOS33 | SLEW = FAST | DRIVE = 12;
NET "D_out_7seg[7]"  LOC = P114 | IOSTANDARD = LVCMOS33 | SLEW = FAST | DRIVE = 12;

# Sélection
NET "Seg7_sel[2]"   LOC = P124| IOSTANDARD = LVCMOS33 | SLEW = FAST | DRIVE = 12;
NET "Seg7_sel[1]"   LOC = P121| IOSTANDARD = LVCMOS33 | SLEW = SLOW | DRIVE = 12;
NET "Seg7_sel[0]"   LOC = P120| IOSTANDARD = LVCMOS33 | SLEW = SLOW | DRIVE = 12;
```

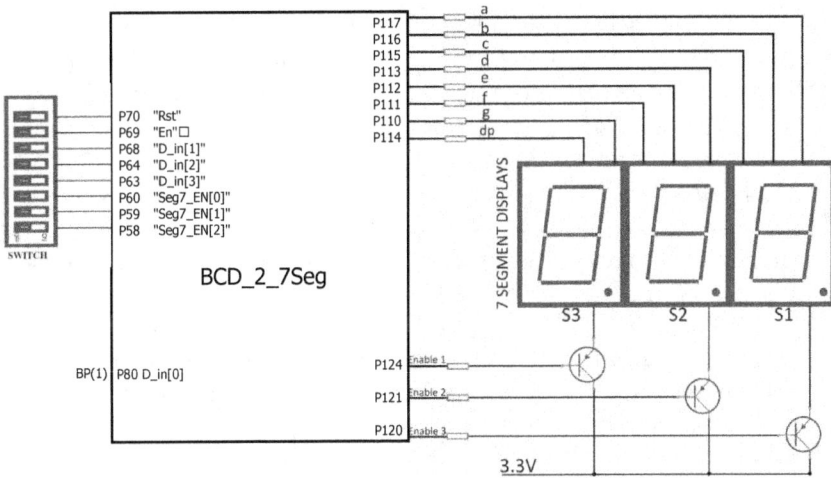

Figure 65 : Schéma du câblage du décodeur BCD_2_7Seg et les périphériques externe

3.4. Commande d'un moteur pas à pas

3.4.1. Analyse de fonctionnement

3.4.1.1. Introduction

Le projet sera dédié à la commande d'un moteur pas à pas. Tout au long du projet, on va étudier le principe du fonctionnement d'un moteur pas à pas et ses utilisations. Le projet regroupe plusieurs notions de développements en VHDL notamment :

- La déclaration d'un tableau statique (Mémoire vive) et l'accès à la mémoire;
- Savoir comment réaliser un diviseur de fréquence programmable dédié à la commande de la vitesse du moteur ;
- La mise en pratique de la notion d'instanciation au VHDL;
- Comprendre le principe de fonctionnement d'un moteur pas à pas;
- Comprendre le fonctionnement du circuit ULN2003;
- Savoir implémenter la commande d'un moteur pas à pas avec FPGA;
- Savoir modifier la vitesse d'un moteur pas à pas.

3.4.1.2. Fonctionnement d'un moteur pas à pas

Le projet consiste à effectuer la commande d'un moteur pas à pas avec 4 phases en mode demi-pas. La partie puissance est basée sur le driver ULN2003 pour booster le courant dans les phases du moteur. La carte FPGA (Elbert V2) permet de générer les signaux de commande du moteur pas à pas (8 commandes/tour) cadencés par une fréquence fixe. La fréquence peut être programmée manuellement par l'intermédiaire des interrupteurs externes.

U moteur pas à pas est un moteur de précision angulaire, qui est généralement long (fréquence maximale du moteur utilisé dans ce projet est limitée à 1 KHz). Il est souvent utilisé dans un grand nombre de périphériques informatiques (imprimantes, lecteur de disquettes ou disque dur), dans la robotique ou dans les dispositifs de déplacement à haute précision car il s'agit du composant électromécanique par excellence pour tout ce qui demande une grande précision de positionnement. Il en existe plusieurs modèles dont le nombre de pas par tours peut varier de quelques dizaines à quelques centaines. C'est la raison pour laquelle nous avons choisi d'utiliser ce type de moteur pour ce projet en mode demi-pas. .

Ci-dessous, vous avez les séquences de commande pour les différents modes :

Mode à pas entier : une phase alimentée à la fois (One Phase ON, Full Step) :
- 1000 (8)
- 0010 (2)
- 0100 (4)
- 0001 (1)

Mode à pas entier, deux phases alimentées en même temps (Two Phase ON, Full Step):
- 1010 (10)
- 0110 (6)
- 0101 (5)
- 1001 (9)

Mode demi-pas :
- 1000 (8)
- 1010 (10)
- 0010 (2)
- 0110 (6)
- 0100 (4)
- 0101 (5)
- 0001 (1)
- 1001 (9)

Pour le changement du sens, il suffit d'inverser la séquence des commandes. Exemple : [9, 5, 6, 10] au lieu de [10, 6, 5, 9] dans le mode de commande à pas entier. Dans ce projet, on va se focaliser sur la commande demi-pas avec un sens de rotation avec la possibilité de changer la vitesse de rotation. Le circuit contient une LED pour indiquer le sens de rotation du moteur S1. La LED est connectée au pin du FPGA.

3.4.1.3. Caractéristiques techniques du moteur pas à pas

Figure 66 : Moteur pas à pas 4 phases avec le driver ULN2003

Spécifications du moteur :
Diamètre   : 28mm/1,1 po
Tension   : DC 5V
Longueur   : 274mm/10,8 in
Angle de pas   : 5,625 * 1/64
Rapport de réduction   : 1/64
Résistance DC   : 200±7 % (25)
Résistance d'isolement : > 10M (500V)

Rigidité diélectrique : 600V AC / 1mA / 1 s
Isolation classe : A
Tirer à vide en fréquence : > **600Hz**
Tirer à vide de fréquence : > **1000Hz**
Tirez en couple : > 34.3mN.m (120Hz)
Couple de détente : > 34.3mN.m
Echauffement : < 40K (120Hz)
Bruit : < 40dB (120Hz, aucune charge, 10cm)
Conseil taille : Env. 29 * 21mm
Poids total : 41g/1,43 onces

3.4.1.4. Caractéristiques techniques du driver ULN2003

Figure 67 : Caractéristiques du driver ULN2003

L'ULN2003 regroupe sur un même circuit intégré 7 transistors Darlington (amplificateur du courant) (voir les figures 66 et 67), ce qui permet d'alimenter un moteur avec un courant beaucoup plus important que ce que peut tolérer un circuit FPGA. Le module est utilisable pour les divers types des moteurs (moteur pas à pas, moteur à courant continue, ...).

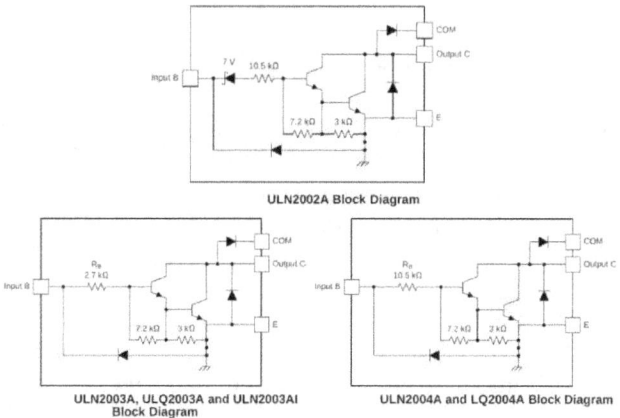

Figure 68 : Sortie Darlington de courant du driver ULN2003

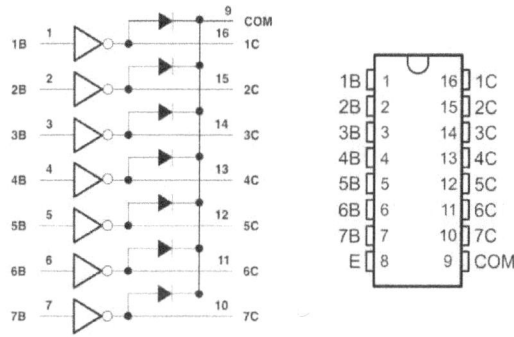

Figure 69 : 7 sorties de courant du driver ULN2003

3.4.2. Synthèse en VHDL

3.4.2.1. Fonctionnement

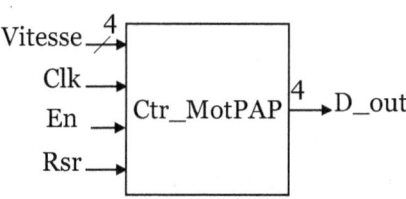

Figure 70 : Entité du compteur binaire

Entrées :

Vitesse : entrée sur 4 bits de vitesse (16 combinaisons)
En : entrée d'activation
Rst : entrée de réinitialisation synchrone

Sortie :

D_out : 4 signaux des phases du moteur

Le contrôleur du moteur pas à pas a une entrée sur 4 bits (Vitesse) pour le contrôle de la vitesse de rotation du moteur. Il permet de programmer la vitesse du moteur dans un seul sens de rotation. L'entité dispose également d'une sortie sur 4 bits (D_out) qui sera relié directement avec le circuit amplificateur du courant (Driver ULN2003). Le circuit est synchronisé par une horloge maitre Clk avec un signal Reset asynchrone.

Le changement de la vitesse est effectué par le changement de la fréquence par l'intermédiaire d'un diviseur de fréquence (compteur) étudié dans le projet 2. On va utiliser la fonction « case » afin de sélectionner une sortie du compteur sur 25 bits.

Syntaxe de la fonction « case » en utilisant une variable Vitesse sur 4 bits :

```
case Vitesse is
    when x"0" => Clk_out <= Count_tmp(19);
    …
    when x"F" => Clk_out <= Count_tmp(5);
    when others    => Clk_out <= Count_tmp(0);
end case ;
```

La variable Clk_out, prend une sortie du compteur Count_tmp en fonction de la valeur du signal « Vitesse » qui est un bus sur 4 bits. Donc, on a 16 vitesses différentes (0 à 15) et nous pouvons également augmenter la taille de bus de vitesse pour plus de précision.

La figure ci-dessous, illustre le principe de fonctionne du variateur de vitesse :

Figure 71 : Générateur d'horloge programmé

Remarque : Le générateur de vitesse crée une horloge de l'horloge d'entrée. Le rapport entre les deux horloges, est égal à 2^{N0} (N0 dépend de la sortie utilisée). Nous pouvons reprendre le circuit utilisé dans le projet 2, pour obtenir une fréquence donnée avec un rapport différent de 2^{N0}.

Comment implémenter le chronogramme du mode demi-pas ?

Le circuit générateur des commandes des phases (4 phases) permet de produire 4 signaux sur 1 bit. Le générateur doit respecter l'ordre chronologique des commandes de la séquence. Le mode demi-pas contient 8 commandes par séquence. En revanche, le mode à pas entier contient uniquement 4 commandes (une ou deux phases alimentées à la fois). Il est clair que le mode demi-pas prend plus de temps (2 séquences de plus) par rapport aux autres modes de commande. Par contre, il offre la meilleure précision.

Dans ce projet, concernant les différentes techniques d'implementation du contrôleur, on utilise la plus simple à mettre en oeuvre. Mais néanmoins, je vous rappelle le principe des autres techniques :

- Utilisation d'une machine à état : Elle consiste à la définition et l'implimentation de la machine à état du contrôleur. La machine est constituée de 8 états et 1 état d'attente. Le passage à l'état futur est par front d'horloge sans conditions. L'avantage d'utilisation de la machine à état, est la possibilité d'ajouter l'option du changement de sens. On verra dans la suite des projets, comment synthétiser une machine à état en VHDL;

- Utilisation d'un séquenceur : Définition d'une table de vérité des états des sorties (4 sorties) basés sur l'état présent et l'état futur. La synthèse finale, sera réalisée par l'intermédiaire des bascules D ou JK. Cette méthode, demande plus de travail et des pré-requis sur les séquenceurs;

- Utilisation d'une mémoire préprogrammée : C'est la plus simple à mettre en oeuvre. Elle consiste au stockage des 8 états des sorties dans une table en mémoire, puis récupérer la valeur de la mémoire à chaque front d'horloge. La valeur sera ensuite envoyée aux phases du moteur. Un compteur d'indice (adresse) est nécessaire dans ce cas pour adresser la mémoire. La méthode est comparable à une machine à état et le nombre d'état est égal au modulo du compter.

La figure ci-dessous, illustre le schéma synoptique du contrôleur du moteur pas à pas :

Figure 72 : Synoptique du contrôleur moteur pas à pas séquenceur

3.4.2.2. Programme VHDL

Le projet est constitué de deux fichiers VHDL :

- Générateur d'horloge « ClkGen » : Le circuit sera instancié dans le fichier du programme principal;
- Le programme principal « Ctr_MotPAP » : Il contient l'instanciation du générateur d'hologe ainsi que le générateur des séquences (voir la figure ci-dessous).

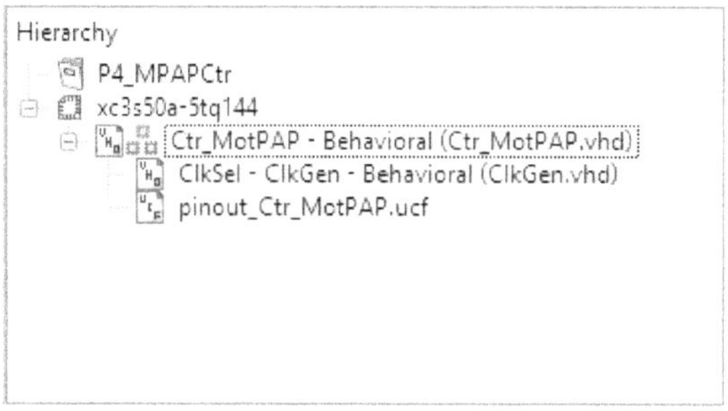

Figure 73 : Organisation des fichiers du contrôleur

ClkGen :

```vhdl
library ieee;
use ieee.std_logic_1164.all;
use ieee.std_logic_unsigned.all;

entity ClkGen is
    Port (    Clk_in : in  STD_LOGIC;
          Rst : in  STD_LOGIC;
              En : in  STD_LOGIC;
          ClkSel : in  STD_LOGIC_VECTOR (3 downto 0);
              Clk_out : out  STD_LOGIC);
end ClkGen;

architecture Behavioral of ClkGen is

signal ClkSel_tmp :   STD_LOGIC_VECTOR (3 downto 0):=(others =>'0');
signal Clk_out_tmp :   STD_LOGIC:='0';
signal Count_tmp : STD_LOGIC_VECTOR (24 downto 0):=(others =>'0');

begin
     P_ClkOut : process(Rst, Clk_in, En, ClkSel_tmp )
     begin
          if Clk_in = '1' and Clk_in'event then
              if Rst ='1' then
                  Clk_out_tmp <= '0';
              else
                  if En = '1' then

                     -- Sélection de la vitesse de rotation sur 4 bits
                     case ClkSel_tmp is
                        -- Vitesse minimale
                        when x"0" => Clk_out_tmp <= Count_tmp(19);
                        when x"1" => Clk_out_tmp <= Count_tmp(19);
                        when x"2" => Clk_out_tmp <= Count_tmp(18);
                        when x"3" => Clk_out_tmp <= Count_tmp(17);
                        when x"4" => Clk_out_tmp <= Count_tmp(16);
                        when x"5" => Clk_out_tmp <= Count_tmp(15);
                        when x"6" => Clk_out_tmp <= Count_tmp(14);
                        when x"7" => Clk_out_tmp <= Count_tmp(13);
                        when x"8" => Clk_out_tmp <= Count_tmp(12);
                        when x"9" => Clk_out_tmp <= Count_tmp(11);
                        when x"A" => Clk_out_tmp <= Count_tmp(10);
                        when x"B" => Clk_out_tmp <= Count_tmp(9);
                        when x"C" => Clk_out_tmp <= Count_tmp(8);
                        when x"D" => Clk_out_tmp <= Count_tmp(7);
                        when x"E" => Clk_out_tmp <= Count_tmp(6);

                        -- Vitesse maximale
```

```vhdl
                              when x"F" => Clk_out_tmp <= Count_tmp(5);
                              when others => Clk_out_tmp <= Count_tmp(0);
                           end case ;
                    else
                           Clk_out_tmp <= Clk_out_tmp;
                    end if;
               end if;
          end if;
     end process;
     Clk_out <= Clk_out_tmp;
     ClkSel_tmp <= ClkSel;

     -- Compteur générateur de vitesse
     P_count : process(Rst, Clk_in, En )
     begin
          if Clk_in = '1' and Clk_in'event then
               if Rst ='1' then
                    Count_tmp <= (others =>'0');
               else
                    if En = '1' then
                         Count_tmp <= Count_tmp+1;
                    else
                         Count_tmp <= Count_tmp;
                    end if;
               end if;
          end if;
     end process;
end Behavioral;
```

Ctr_MotPAP

```vhdl
LIBRARY ieee;
USE ieee.std_logic_1164.ALL;
USE ieee.numeric_std.ALL;
use ieee.std_logic_arith.all;
use ieee.std_logic_unsigned.all;


entity Ctr_MotPAP is
     Port ( Rst    : in  STD_LOGIC ;
            En     : in  STD_LOGIC ;
            Clk    : in  STD_LOGIC ;
            Vitesse : in STD_LOGIC_VECTOR (3 downto 0);
            D_out   : out STD_LOGIC_VECTOR (3 downto 0));
end Ctr_MotPAP;

architecture Behavioral of Ctr_MotPAP is

signal Clk_sys : STD_LOGIC:='0';
signal Count_tmp      : integer :=0 ;

COMPONENT ClkGen
PORT(
     Clk_in : IN std_logic;
     Rst : IN std_logic;
     En : IN std_logic;
     ClkSel : IN std_logic_vector(3 downto 0);
     Clk_out : OUT std_logic
     );
END COMPONENT;

-- Tableau de 8 séquences (0 à 7)
type T_DATA is array (0 to 7) of std_logic_vector(3 downto 0);
constant DATA_mpap : T_DATA :=(     "1000", --8
                                    "1010", --A
                                    "0010", --2
                                    "0110", --6
                                    "0100", --4
                                    "0101", --5
                                    "0001", --1
                                    "1001" --9
                                    );
begin

     -- Compteur d'indice de la séquence
     P_count : process(Rst, Clk_sys, En )
     begin
          if Clk_sys = '1' and Clk_sys'event then
               if Rst ='1' then
                    Count_tmp <= 0;
               else
                    if En = '1' then
                         Count_tmp <= Count_tmp +1;
                         if Count_tmp = 7 then
```

```
                            Count_tmp <= 0;
                        end if ;
                    else
                        Count_tmp <= Count_tmp;
                    end if;
                end if;
            end if;
        end process;
        D_out <= DATA_mpap(Count_tmp);

        -- Instanciation du générateur d'horloge
        ClkSel: ClkGen PORT MAP(
            Clk_in => Clk ,
            Rst =>Rst ,
            En => En,
            ClkSel => Vitesse,
            Clk_out => Clk_sys
        );
end Behavioral;
```

3.4.2.3. Simulation

La figure ci-dessous, montre l'allure des signaux internes et externes de l'entité. Nous varions la valeur de la vitesse pour chaque 1000 coup d'horloge. Le signal interne Clk_sys change de fréquence en fonction de la valeur du signal Vitesse. Pour chaque valeur de la vitesse, et à chaque front d'horloge Clk_sys, le bus de sortie D_out reçoit une valeur en boucle sur 4 bits en respectant la séquence suivant : [8, A, 2, 6, 4, 5, 1, 9].

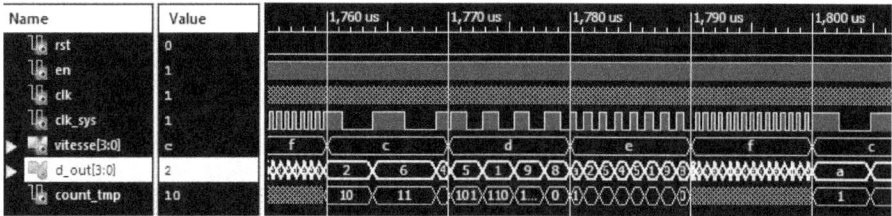

Figure 74 : Chronogramme de mise en évidence du mode comptage

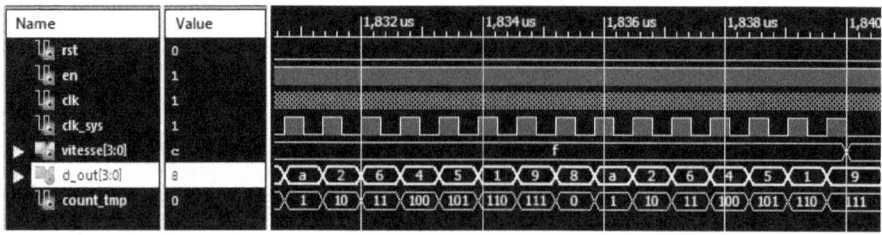

Figure 75 : Séquence de sortie pour Vitesse = « F »

Il est clair dans les figures ci-dessus, que le contrôleur respecte l'ordonnancement de la séquence ainsi que la variation de la fréquence d'horloge. Ci-dessous, le processus de simulation du circuit dans le fichier tb_Ctr_MotPAP.

```
    ...
Vitesse_process :process
    begin
        Vitesse <= x"C";
        wait for 1000*Clk_period;

        Vitesse <= x"D";
        wait for 1000*Clk_period;

        Vitesse <= x"E";
        wait for 1000*Clk_period;
```

```
            Vitesse <= x"F";
            wait for 1000*Clk_period;
    end process;
    ...
```

Remarque : Pendant la phase de simulation, il faut choisir les bons paramètres de simulation en particulier la valeur de la Vitesse. Si la valeur est proche de 0, l'horloge sera plus longue et le temps de simulation sera implorant. Donc, il faut prévoir un nombre important de coup d'horloge avant le changement de la vitesse (dans notre cas 1000 pour C). Dans le cas pratique, il faut utiliser des valeurs plus proches de 0 (fréquence faible) qui conviennent au fonctionnement d'un moteur pas à pas.

Dans le cas ou la fréquence dépasse 1 KHz, le moteur vibre et arrête de tourner. Le tableau ci-dessous, montre la valeur de la fréquence en fonction de la sortie sélectionnée du compteur :

Sortie	Rapport de division	Fréquence (MHz)
0	2	6
1	1/4	3
2	1/8	1.5
3	1/16	0.75
4	1/32	0.375
5	1/64	0.1875
6	1/128	0.0938
7	1/256	0. 0469
23	1/16777216	0.7153 e-6

Figure 76 : La fréquence en fonction de la sortie du compteur

3.4.3. Implémentation sur Kit

Figure 77 : Placement des signaux d'enté du contrôleur sur FPGA

Fichier pinout du contrôleur du moteur pas à pas en mode demi-pas:

```
# Alimentation
CONFIG VCCAUX = "3.3" ;

# Clock 12 MHz
NET "Clk"        LOC = P129 | IOSTANDARD = LVCMOS33 | PERIOD = 12MHz;

# Switch (entrées)
NET "En"         LOC = P70  | PULLUP | IOSTANDARD = LVCMOS33 | SLEW = SLOW | DRIVE = 12;
NET "Rst"        LOC = P69  | PULLUP | IOSTANDARD = LVCMOS33 | SLEW = SLOW | DRIVE = 12;
NET "Vitesse[0]" LOC = P68  | PULLUP | IOSTANDARD = LVCMOS33 | SLEW = SLOW | DRIVE = 12;
NET "Vitesse[1]" LOC = P64  | PULLUP | IOSTANDARD = LVCMOS33 | SLEW = SLOW | DRIVE = 12;
NET "Vitesse[2]" LOC = P63  | PULLUP | IOSTANDARD = LVCMOS33 | SLEW = SLOW | DRIVE = 12;
NET "Vitesse[3]" LOC = P60  | PULLUP | IOSTANDARD = LVCMOS33 | SLEW = SLOW | DRIVE = 12;

# Header P1 (Sorties)
NET "D_out[0]"   LOC = P31  | IOSTANDARD = LVCMOS33 | SLEW = SLOW | DRIVE = 12;
NET "D_out[1]"   LOC = P32  | IOSTANDARD = LVCMOS33 | SLEW = SLOW | DRIVE = 12;
NET "D_out[2]"   LOC = P28  | IOSTANDARD = LVCMOS33 | SLEW = SLOW | DRIVE = 12;
NET "D_out[3]"   LOC = P30  | IOSTANDARD = LVCMOS33 | SLEW = SLOW | DRIVE = 12;
```

3.5. Détection de la valeur maximale et minimale

3.5.1. Introduction

Le circuit détecteur de valeur maximale/minimale ou détecteur de crête, est souvent utilisé dans les applications du traitement de signal. Qaund on a un signal asymétrique et qu'on veut extraire la valeur de crête à crête, il faut redresser les deux alternances. Cela peut s'effectuer, soit par un circuit à diodes, soit par un circuit à amplificateurs opérationnels ou par un circuit numérique. Dans ce projet, on va concevoir un circuit détecteur de crête numérique sur 4 bits.

Domaines d'applications :

- Détecteurs de crête ;
- Détection d'enveloppe d'un signal ;
- Limitation de puissance par détection des limites maximales et minimales ;
- Détecteurs à seuil ;
- Filtrage par la valeur maximale ou minimal d'un signal ;
- Instrument de mesure ;
- …

3.5.2. Analyse de fonctionnement

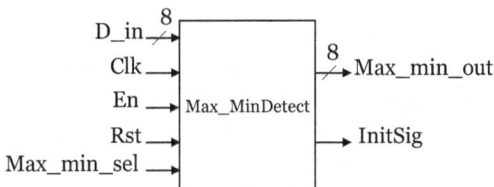

Figure 78 : Entité de détecteur des crêtes

Entrées :

- D_in   : Entrée sur 4 bits
- En   : Entrée d'activation
- Rst   : Entrée de réinitialisation synchrone
- Max_min_sel : Sélection du type de la valeur à détectée :
    - ✓ 1 : Valeur maximale
    - ✓ 0 : Valeur minimale

Sortie

- D_out   : Sortie sur 4 bits subdivise multipliée, la sortie peut contenir la valeur maximale ou minimale en fonction du signal Max_min_sel
- InitSig   : Signal indiquant l'initialisation des valeurs crêtes. La période d'initialisation est fixée par une constante sur 32 bits.

Le détecteur des crêtes est conçu pour détecter les deux valeurs limites d'un signal sur 4 bits. Le nombre de bits peut être générique et choisi par l'utilisateur. Dans le cas d'utilisation du kit Elbert V2, le nombre d'interrupteurs est limité sur 8 bits (4 pour l'entrée de données, 1 pour Rst et 1 pour En), d'où le choix d'une entrée sur 4 bits. Le circuit est menu d'une entrée de sélection du même type de la valeur à détecter (Max_min_sel).

La sortie D_out est mise à zéro d'une façon périodique et le choix de la période, est déterminé dans le programme par l'intermédiaire de la constante Max_value. Dans notre cas, on a besoin d'une période de quelques secondes (changement d'état des interrupteurs est relativement long), d'où le choix d'un compteur sur 32 bits (Voir le projet 4 pour savoir la relation entre la taille du compteur et la période).

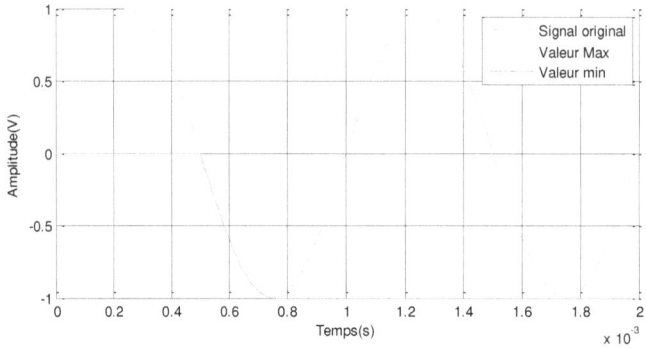

Figure 79 : Principe de détection des valeurs crêtes

La figure ci-dessus, montre la courbe d'un signal sinusoïdal d'amplitude ±1V et d'une fréquence de 1KHz (courbe rouge). Les deux autres courbes montrent l'évolution des valeurs crêtes en fonction du signal original. On constate que les valeurs crêtes maintiennent leurs valeurs finales après un quart de la période pour la valeur maximale et une demi-periode pour la valeur minimale. Ce comportement, n'est pas souvent souhaité car les deux crêtes peuvent être induites par un signal inutile (bruit, surtension, comportement aléatoire, …), d'où l'importance d'ajouter un circuit de réinitialisation des valeurs crêtes.

Le circuit est menu d'une sortie indiquant le moment de la réinitialisation et elle est indispensable pour l'utilisateur. Grâce à cette sortie, on peut récupérer la valeur uniquement au moment de la réinitialisation (un coup d'horloge avant la réinitialisation). Dans le cas d'absence de cet « indicateur », l'utilisateur peut capter une valeur récemment réinitialisée qui peut fausser le processus de décision (Exemple : Détection de personne en se basant sur la valeur maximale du signal ou un capteur indiquant l'absence/présence d'activité en se basant sur la valeur minimale, …).

Remarque : Le choix de la période de réinitialisation va dépende de :

- L'activité du signal : Rapide ou long ;
- L'activité du processus de décision : détection à chaque seconde, chaque heure,… ;
- L'environnement externe : Probabilité de présence du bruit, environnement polluant ;
- Etc.

3.5.3. Synthèse VHDL

3.5.3.1. Programme

```vhdl
library IEEE;
use IEEE.STD_LOGIC_1164.ALL;
use ieee.std_logic_unsigned.all;

entity Max_MinDetect is
    Port (   D_in : in  STD_LOGIC_VECTOR (3 downto 0);
             Rst : in  STD_LOGIC;
             Clk : in  STD_LOGIC;
             En : in  STD_LOGIC;
             Max_min_sel : in  STD_LOGIC;
         Max_min_out : out  STD_LOGIC_VECTOR (7 downto 0);
         InitSig : out  STD_LOGIC
         );
end Max_MinDetect;

architecture Behavioral of Max_MinDetect is

signal  Max_min_out_tmp :   STD_LOGIC_VECTOR (7 downto 0):=(others =>'1');
signal  D_in_tmp        :   STD_LOGIC_VECTOR (7 downto 0):=(others =>'0');

signal   Count           :   STD_LOGIC_VECTOR (31 downto 0):=(others =>'0');
-- Constante définissant la période de réinitialisation
constant  Max_value :    STD_LOGIC_VECTOR (31 downto 0):= x"0000FFFF";

begin

    P_max_min : process (Rst, Clk, En, Max_min_sel)
    begin
        if Clk = '1' and Clk'event then
            if Rst = '1' then
                Max_min_out_tmp <= (others =>'1');
                Count <= (others =>'0');
                InitSig <= '0';
            else
                -- Récupération de la sortie avant l'initialisation
                Max_min_out <= Max_min_out_tmp;

                if En = '1' then

                    -- Détecteur de la valeur maximale
                    if   Max_min_sel = '1' then
                        if  D_in_tmp > Max_min_out_tmp then
                            Max_min_out_tmp <= D_in_tmp;
                        end if ;

                    -- Détecteur de la valeur minimale
                    else
                        if  D_in_tmp < Max_min_out_tmp  then
                            Max_min_out_tmp <= D_in_tmp;
                        end if ;
                    end if ;

                    -- Incrémentation du compteur de réinitialisation
                    Count <= Count + 1;
                    if Count = Max_value then
                        Count <= (others =>'0');
                        Max_min_out_tmp <= x"03";

                        -- Sortie de reinitialisation
                        InitSig <='1';
                    else
                        InitSig <='0';
                    end if ;

                end if;
            end if ;
        end if;
    end process;
    D_in_tmp <= x"0" & D_in;

-- De-commenté l'instruction et commenté la ligne correspondante en haut
-- Pour savoir l'effet sur le signal Max_min_out
-- Max_min_out <= Max_min_out_tmp;

end Behavioral;
```

3.5.3.2. Simulation

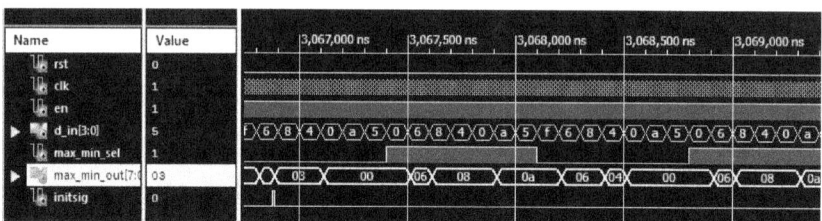

Figure 80 : Chronogrammes de mise en évidence du mode comptage

Les chronogrammes illustrent le bon fonctionnement du détecteur. Lorsque le signal max_min_sel = '1', la valeur maximale détectée vaut « 0a » (Mode valeur maximale). Cette dernière, vaut 00 lorsque max_min_sel = '0' (Mode valeur minimale). Après l'initialisation des valeurs crêtes, la sortie prend la valeur 03.

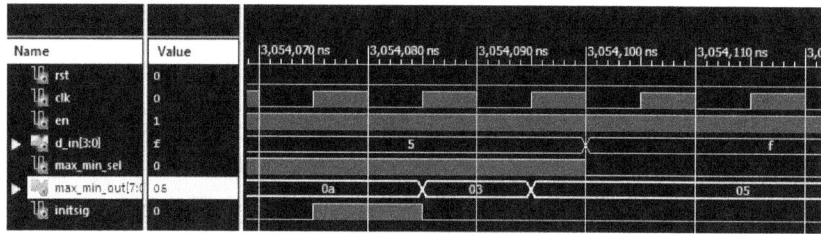

Figure 81 : La valeur maximale avant, pendant et après la réinitialisation

La donnée est disponible dans le bus de sortie pendant un cycle d'horloge après la mise à '1' du signal de réinitialisation. Ensuite, le bus est réinisialisé à la valeur 3 (voir figure ci-dessus). Le processus de décision en amont, dispose d'un cycle d'horloge pour récupérer la valeur maximale/minimale. Si l'utilisateur, récupère par erreur la valeur au deuxième front d'horloge, il tombera sur la valeur 03 à la place de 0a !

Décommentez la ligne du code suivant : « **Max_min_out <= Max_min_out_tmp;** » qui se trouve à la fin du programme. Puis, commentez la ligne en haut du programme. Le résultat obtenu après ces dernières modifications est le suivant :

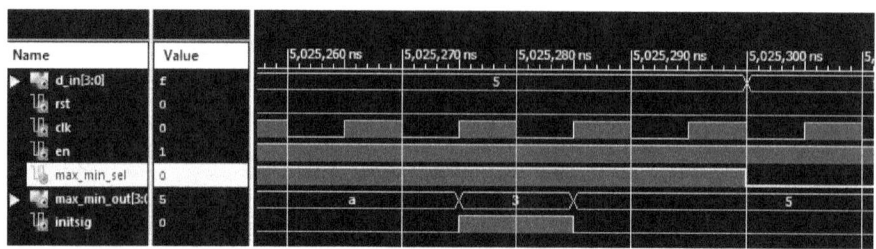

Figure 82 : Suppression du retard d'un coup d'horloge

La figure ci-dessus, illustre un mauvais choix de l'endroit d'affectation d'un signal temporel à un signal de sortie. Il est bien clair que la réinitialisation de la sortie et la mise à '1' de l'indicateur se font en même temps. Dans ce cas, l'utilisateur recopiera la valeur après la réinitialisation (3) à la place de « 0a ».

Note : L'affectation effective d'un signal à l'intérieur d'un processus se fait à l'arrivé du front de l'horloge. L'affectation est instantanée à la sortie d'un processus. On peut expliquer le phénomène par l'aspect séquentiel contre l'aspect combinatoire de l'instruction d'affectation à l'intérieur et à l'extérieur du processus. Notez bien, un retard d'un coup d'horloge disponible entre les deux Implimentation.

Processus de simulation:

```
...
D_in_process :process
    begin
            -- Valeur maximale
            Max_min_sel <='1';
            D_in <= x"0";
            wait for 10*Clk_period;

            D_in <= x"6";
            wait for 10*Clk_period;

            D_in <= x"8";
            wait for 10*Clk_period;

            D_in <= x"4";
            wait for 10*Clk_period;

            D_in <= x"0";
            wait for 10*Clk_period;

            D_in <= x"a";
            wait for 10*Clk_period;

            D_in <= x"5";
            wait for 10*Clk_period;

            -- Valeur minimale
            Max_min_sel <='0';
            D_in <= x"f";
            wait for 10*Clk_period;

            D_in <= x"6";
            wait for 10*Clk_period;

            D_in <= x"8";
            wait for 10*Clk_period;

            D_in <= x"4";
            wait for 10*Clk_period;

            D_in <= x"0";
            wait for 10*Clk_period;

            D_in <= x"a";
            wait for 10*Clk_period;

            D_in <= x"5";
            wait for 10*Clk_period;
    end process;
...
```

3.5.4. Implémentation sur Kit

Les pins d'entrée sont reliés au Switch dans le kit. Les sorties sur 4 bits des valeurs crêtes sont liées aux LED. L'activation du type de la crête (minimale ou maximale) est assurée par l'entrée Max_min_sel et elle est reliée à l'interrupteur 5 du Switch. L'entrée de réinitialisation Rst est reliée à l'interrupteur 7 et En à l'interrupteur 8 du Switch.

Figure 83 : Placement des signaux entre le détecteur des crêtes sur FPGA

Emplacements des LED et Switch sur le kit Elbert V2 :

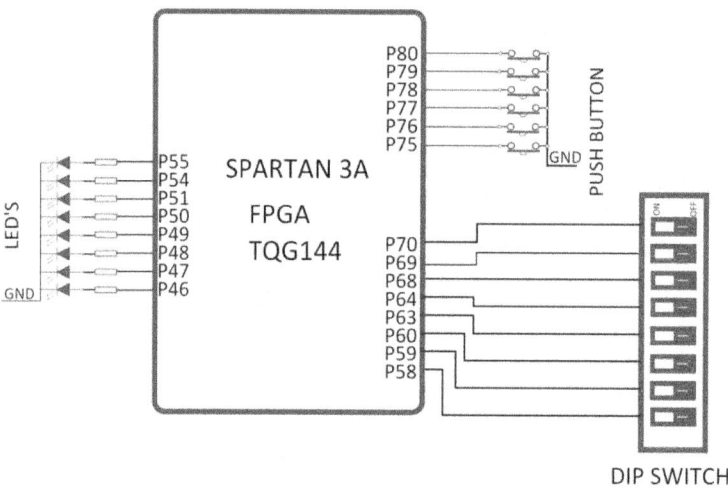

Figure 84 : Emplacement du Switch et les LED sur le kit Elbert V2

Fichier pinout du détecteur des crêtes :

```
# Alimentation
CONFIG VCCAUX = "3.3" ;

# Horloge 12 MHz
NET "Clk" LOC = P129  | IOSTANDARD = LVCMOS33 | PERIOD = 12MHz;

# LED / Données Sortie
NET "Max_min_out[0]" LOC = P46    | IOSTANDARD = LVCMOS33 | SLEW = SLOW | DRIVE = 12;
NET "Max_min_out[1]" LOC = P47    | IOSTANDARD = LVCMOS33 | SLEW = SLOW | DRIVE = 12;
NET "Max_min_out[2]" LOC = P48    | IOSTANDARD = LVCMOS33 | SLEW = SLOW | DRIVE = 12;
NET "Max_min_out[3]" LOC = P49    | IOSTANDARD = LVCMOS33 | SLEW = SLOW | DRIVE = 12;

# Switch / Direction / Rst

NET "D_in[0]"        LOC = P70    | PULLUP  | IOSTANDARD = LVCMOS33 | SLEW = SLOW | DRIVE = 12;
NET "D_in[1]"        LOC = P69    | PULLUP  | IOSTANDARD = LVCMOS33 | SLEW = SLOW | DRIVE = 12;
NET "D_in[2]"        LOC = P68    | PULLUP  | IOSTANDARD = LVCMOS33 | SLEW = SLOW | DRIVE = 12;
NET "D_in[3]"        LOC = P64    | PULLUP  | IOSTANDARD = LVCMOS33 | SLEW = SLOW | DRIVE = 12;
NET "Max_min_sel"    LOC = P63    | PULLUP  | IOSTANDARD = LVCMOS33 | SLEW = SLOW | DRIVE = 12;
NET "Rst"            LOC = P59    | PULLUP  | IOSTANDARD = LVCMOS33 | SLEW = SLOW | DRIVE = 12;
NET "En"             LOC = P58    | PULLUP  | IOSTANDARD = LVCMOS33 | SLEW = SLOW | DRIVE = 12;
```

3.6. Détecteur de séquence

3.6.1. Analyse de fonctionnement

Figure 85 : Principe de détecteur d'une séquence série

Le principe de détection d'une séquence série est fondamental en électronique numérique et en transmission de données. Ce principe, consiste à l'acquisition de N bits en série (bit par bit) cadencés par une horloge synchrone Clk. Les bits sont acquis sous format LSB en premier (Le bit B_0 est le premier bit acquis) ou en format MSB (le dernier bit B_{N-1} en premier).

Le lecteur des bits permet d'effectuer l'acquisition et le stockage dans un registre de N bits (B_0 à B_{N-1}). Il dispose également d'un compteur qui compte le nombre des bits (Modulo N). Dans ce projet, nous utiliserons un compteur modulo 8 (Acquisition d'une donnée sur 8 bits). La seconde partie, consiste à la comparaison de la séquence reçue avec une séquence initiale (la séquence qu'on veut détecter).

Le comparateur des deux séquences, est synchronisé également par rapport à l'horloge de référence et génère une sortie pour chaque coup d'horloge indiquant la détection ou non de la séquence.

Le projet est comparable à un registre série/parallèle sur N bits menu d'un comparateur numérique intégré. Ce type de circuit, est largement utilisé dans les systèmes de commande et de détection.

Domaines d'applications :

- Télécommandes ;
- Commande sans fils des moteurs ;
- Circuit émetteur/récepteur (RF, IR, …) ;
- Contrôleurs série ;
- Détecteur numérique à liaison série ;
- Transmission et acquisition de données série ;
- …

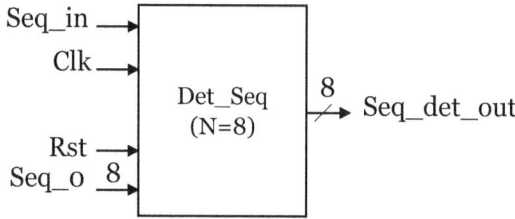

Figure 86 : Entité de détecteur de séquence

Entrées

- Seq_in : Entrée série de la séquence sur 1 bit
- Rst : Entrée de réinitialisation synchrone
- Seq_0 : Entrée parallèle sur 8 bits de la séquence à détecter

Sortie

- Set_det_out : Sortie sur 1 bit qui indique l'état de détection ('1' signifie la détection d'une séquence et '0' signifie l'absence de la séquence)

3.6.2. Synthèse VHDL

3.6.2.1. Programme

```
library IEEE;
use IEEE.STD_LOGIC_1164.ALL;
use ieee.std_logic_unsigned.all;

entity Det_Seq is
    Port ( Clk : in  STD_LOGIC;
           Rst : in  STD_LOGIC;
           Seq_in : in  STD_LOGIC;
           Seq_0 : in  STD_LOGIC_VECTOR (7 downto 0);
           Seq_det_out : out  STD_LOGIC);
end Det_Seq;

architecture Behavioral of Det_Seq is

signal bit_in : STD_LOGIC:='0';
signal count_bit : STD_LOGIC_VECTOR(2 downto 0):="000";
signal Seq_in_tmp : STD_LOGIC_VECTOR(7 downto 0):=x"00";
signal Seq_0_tmp : STD_LOGIC_VECTOR(7 downto 0):=x"00";

begin

    -- Compteur des bits de la séquence
    P_count_bit_in : process( Seq_in, Clk, Rst)
    begin
        if Rst = '1' then
            bit_in <= '0';
            count_bit <= (others =>'0');
        elsif Clk'event and Clk = '0' then
            count_bit <= count_bit + 1;
        end if ;
    end process P_count_bit_in;

    P_out : process( Clk, count_bit)
    begin
        if Rst = '1' then
            Seq_det_out <= '0';
        elsif Clk'event and Clk = '1' then

            -- Lecture du bit d'entrée
            Seq_in_tmp(conv_integer(count_bit)) <= Seq_in;

            -- Comparaison de la séquence initiale et la séquence reçue
            if Seq_in_tmp = Seq_0_tmp then
```

```
                        Seq_det_out <= '1';
                        -- Initialisation de la séquence
                        Seq_in_tmp <= (others =>'0');
                 else
                        Seq_det_out <= '0';
                 end if ;
           end if ;
     end process P_out;
     Seq_0_tmp <= Seq_0;
end Behavioral;
```

Le programme du détecteur contient deux processus essentiels. Le premier « P_count_bit_in », comprend le compteur de la taille de la séquence en bits. Dans ce projet, la taille est sur 8 bits, d'où l'intérêt d'utilisation d'un compteur sur 3 bits (il compte de 0 à 7). Le deuxième processus « P_out », est constitué du cœur du circuit qui permet de récupérer la valeur de l'entrée série à chaque coup d'horloge et stocker la valeur dans un registre temporel Seq_in_tmp :

```
Seq_in_tmp(conv_integer(count_bit)) <= Seq_in;
```

L'accès à l'élément d'un vecteur (ou tableau) en mémoire, nécessite un indice de type entier. Le langage VHDL ne supporte pas des indices de type std_logic_vector. La fonction **conv_integer** (indice_std) convertie un signal de type std_logic_vector en une valeur entière.

Le processus permet également de comparer la séquence acquise avec la valeur de la séquence initiale Seq_0_tmp. Un indicateur Seq_det_out est mis à '1' dans le cas ou les deux séquences sont identiques au prochain coup d'horloge. Dans le cas ou les deux séquences ne sont pas identiques, l'indicateur maintient la valeur nulle.

Le programme effectue également la réinitialiserions ou la mise à jour de la valeur temporelle de la séquence reçue. Le registre est initialisé à chaque détection.

```
…
if Seq_in_tmp = Seq_0_tmp then
     Seq_det_out <= '1';
     Seq_in_tmp <= (others =>'0');
Else
…
```

Remarque : l'utilisation de la fonction de conversion conv_integer peut causer un problème de fonctionnement dans la phase de synthèse. Elle nécessite l'utilisation de la librairie ieee.std_logic_unsigned.all. Il est fortement recommandé d'utiliser un compteur de type integer count_int qui facilite l'accès à un bit dans le registre sans faire recours à la fonction de conversion.

La fonction **range** val_min **to** val_max, permet de fixer les limites de variations d'une variable/signal de type integer. Il facilite au compilateur la conversion du type entier en std_logic_vector. Dans notre projet, le compilateur affecte automatiquement 3 bits au bus du compteur.

Exemple et syntaxe d'utilisation:

```
...
signal count_int is integer range 0 to 7 ;
...
Seq_in_tmp(count_int) <= Seq_in;
...
```

3.6.2.2. Simulation

Le test du composant Det_Seq nécessite la génération d'une série des bits cadencés par une horloge synchrone Clk. Le processus Seq_in_process permet de créer une série des bits synchrones d'une façon infinie. Cette dernière, prend la forme suivante : 01010101 20x(0)

Le composant a besoin également d'initialiser la valeur de la séquence et par défaut, la valeur vaut x'00'. Dans le processus de simulation, la valeur de la séquence Seq_0 est initialisée (« 10101010 »).

```vhdl
LIBRARY ieee;
USE ieee.std_logic_1164.ALL;

ENTITY tb_Det_Seq IS
END tb_Det_Seq;

ARCHITECTURE behavior OF tb_Det_Seq IS

    -- Déclaration du composant
    COMPONENT Det_Seq
    PORT(
        Clk : IN  std_logic;
        Rst : IN  std_logic;
        Seq_in : IN  std_logic;
        Seq_0 : IN  std_logic_vector(7 downto 0);
        Seq_det_out : OUT  std_logic
        );
    END COMPONENT;

    -- Entrées
    signal Clk : std_logic := '0';
    signal Rst : std_logic := '0';
    signal Seq_in : std_logic := '0';
    signal Seq_0 : std_logic_vector(7 downto 0) := (others => '0');

    -- Sorties
    signal Seq_det_out : std_logic;

    -- Période de l'horloge
    constant Clk_period : time := 10 ns;
BEGIN

    -- Instanciation du circuit UUT (Unit Under Test)
    uut: Det_Seq PORT MAP (
        Clk => Clk,
        Rst => Rst,
        Seq_in => Seq_in,
        Seq_0 => Seq_0,
        Seq_det_out => Seq_det_out
        );

    -- Processus d'horloge
    P_clk : process
    begin
        Clk <= '0';
        wait for Clk_period/2;
        Clk <= '1';
        wait for Clk_period/2;
    end process P_clk;

    -- Définition de la séquence initiale
    Rst <= '0';
    Seq_0<= "10101010"; -- 0000 1001

    Seq_in_process :process
    begin

        -- Génération de la séquence 01010101
```

```
            Seq_in <= '0';
            wait for Clk_period;
            Seq_in <= '1';
            wait for Clk_period;
            Seq_in <= '0';
            wait for Clk_period;
            Seq_in <= '1';
            wait for Clk_period;
            Seq_in <= '0';
            wait for Clk_period;
            Seq_in <= '1';
            wait for Clk_period;
            Seq_in <= '0';
            wait for Clk_period;
            Seq_in <= '1';
            wait for Clk_period;

            -- Mise à zéro pendant 20 coups d'horloge
            Seq_in <= '0';
            wait for 20*Clk_period;
            ------------------
        end process Seq_in_process;
END;
```

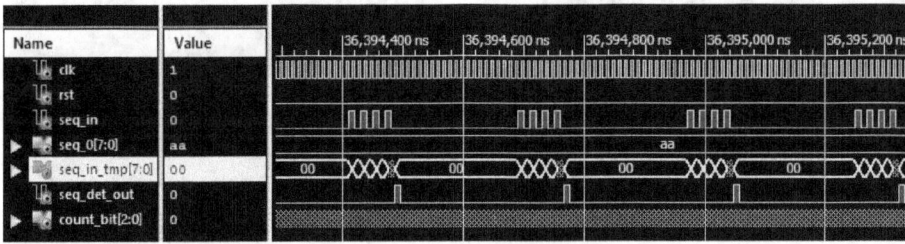

Figure 87 : Chronogrammes du détecteur de séquence

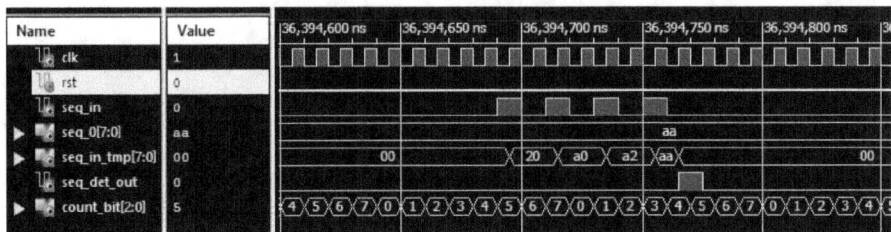

Figure 88 : Durée et emplacement d'indicateur de détection

Les chronogrammes ci-dessus, illustrent l'évolution des signaux d'entrées, de sorties et des signaux internes du composant. L'indicateur de détection de la séquence Seq_det_out est mis à '1' à chaque détection de la séquence 'aa'. Il est mis à '1' pendant le front suivant de l'horloge pour une durée d'une période d'horloge (voir les figures ci-dessus). On remarque également, que le signal interne de la séquence est mis à jour à chaque coup d'horloge ('00', '20', 'a0',…) et à '00' pendant d'absence du signal.

Note : La durée de détection est un coup d'horloge. Souvent, il est préférable d'avoir une durée plus large (plusieurs périodes d'horloge) pour laisser plus du temps au circuit en aval de prendre la décision. Le programme ci-dessous, montre comment élargir la taille de l'indicateur en utilisant des signaux temporels.

L'astuce utilisée, consiste à la création d'un signal temporel Seq_det_out_tmp identique à la sortie Seq_det_out généré précédemment. Puis, on crée un autre signal temporel Seq_det_out_tmp1 retardé d'un coup d'horloge par rapport au signal Seq_det_out_tmp. On obtient ainsi, la valeur de la nouvelle sortie par la simple équation suivante :

```
Seq_det_out <= Seq_det_out_tmp1 or Seq_det_out_tmp;
```

La figure ci-dessous, montre l'évolution des différents signaux temporels et la sortie finale Seq_det_out. On conclue que la durée du signal de détection est multipliée par deux.

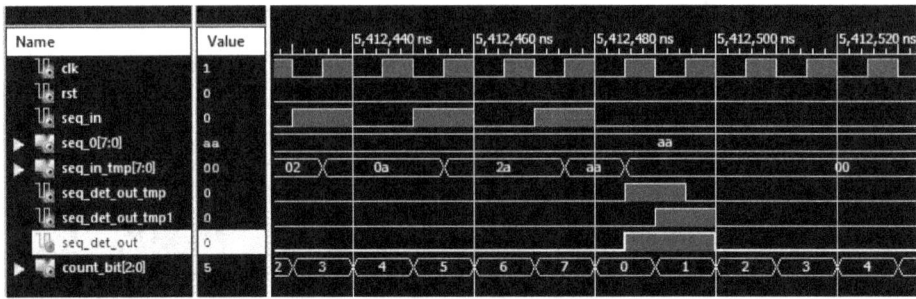

Figure 89 : Elargissement de la duré du signal de détection

3.6.2.3. Programme complet :

```vhdl
library IEEE;
use IEEE.STD_LOGIC_1164.ALL;
use ieee.std_logic_unsigned.all;

entity Det_Seq is
    Port ( Clk : in  STD_LOGIC;
           Rst : in  STD_LOGIC;
           Seq_in : in  STD_LOGIC;
           Seq_0 : in  STD_LOGIC_VECTOR (7 downto 0);
           Seq_det_out : out  STD_LOGIC);
end Det_Seq;

architecture Behavioral of Det_Seq is

signal bit_in : STD_LOGIC:='0';
signal Seq_det_out_tmp : STD_LOGIC:='0';
signal Seq_det_out_tmp1 : STD_LOGIC:='0';
signal count_bit : STD_LOGIC_VECTOR(2 downto 0):="000";
signal Seq_in_tmp : STD_LOGIC_VECTOR(7 downto 0):=x"00";
signal Seq_0_tmp : STD_LOGIC_VECTOR(7 downto 0):=x"00";

begin

    -- Compteur des bits de la séquence
    P_count_bit_in : process( Seq_in, Clk, Rst)
    begin
        if Rst = '1' then
            bit_in <= '0';
            count_bit <= (others =>'0');
        elsif Clk'event and Clk = '0' then
            count_bit <= count_bit + 1;
        end if ;
    end process P_count_bit_in;

    P_out : process( Clk, count_bit)
    begin
        if Rst = '1' then
            Seq_det_out_tmp <= '0';
        elsif Clk'event and Clk = '1' then

            -- Lecture du bit d'entrée
            Seq_in_tmp(conv_integer(count_bit)) <= Seq_in;

            -- Comparaison de la séquence initiale et la séquence reçue
            if Seq_in_tmp = Seq_0_tmp then
                Seq_det_out_tmp <= '1';
```

```
                        -- Initialisation de la séquence
                    Seq_in_tmp <= (others =>'0');
                else
                    Seq_det_out_tmp <= '0';
                end if ;
        end if ;
    end process P_out;
    Seq_0_tmp <= Seq_0;

    -- Création d'une sortie retardé
    P_Seq_det : process( Seq_det_out_tmp, Clk)
    begin
        if Clk'event and Clk = '0' then
            Seq_det_out_tmp1 <= Seq_det_out_tmp;
        end if ;
    end process P_Seq_det;

    -- Génération de la sortie de détecteur
    Seq_det_out <= Seq_det_out_tmp1 or Seq_det_out_tmp;

end Behavioral;
```

3.6.3. Implémentation sur Kit

L'entrée de la séquence initiale (Seq_0) est reliée aux 8 interrupteurs du Switch. Le signal d'entrée de la séquence Seq_in, est lié au bouton poussoir 2. L'entrée de réinitialisation avec le BP 1. Noté bien que les boutons poussoirs sont activés. Autrement dit, l'état initial des boutons poussoirs est à 1. Il est nécessaire d'inverser la logique des signaux suivant : Rst et Seg_in par l'intermédiaire d'une porte not (not (Rst, Seq_in)).

Figure 90 : Placement des signaux entre le détecteur de séquence et FPGA

Fichier pinout du détecteur de séquence :

```
# Alimentation
CONFIG VCCAUX = "3.3" ;

# Horloge 12 MHz
NET "Clk" LOC = P129  | IOSTANDARD = LVCMOS33 | PERIOD = 12MHz;

# LED / Données Sortie
NET "Seq_det_out"    LOC = P46   | IOSTANDARD = LVCMOS33 | SLEW = SLOW | DRIVE = 12;

# DP Switch
NET "Seq_0[0]"       LOC = P70   | PULLUP  | IOSTANDARD = LVCMOS33 | SLEW = SLOW | DRIVE = 12;
NET "Seq_0[1]"       LOC = P69   | PULLUP  | IOSTANDARD = LVCMOS33 | SLEW = SLOW | DRIVE = 12;
NET "Seq_0[2]"       LOC = P68   | PULLUP  | IOSTANDARD = LVCMOS33 | SLEW = SLOW | DRIVE = 12;
NET "Seq_0[3]"       LOC = P64   | PULLUP  | IOSTANDARD = LVCMOS33 | SLEW = SLOW | DRIVE = 12;
NET "Seq_0[4]"       LOC = P63   | PULLUP  | IOSTANDARD = LVCMOS33 | SLEW = SLOW | DRIVE = 12;
NET "Seq_0[5]"       LOC = P60   | PULLUP  | IOSTANDARD = LVCMOS33 | SLEW = SLOW | DRIVE = 12;
NET "Seq_0[6]"       LOC = P59   | PULLUP  | IOSTANDARD = LVCMOS33 | SLEW = SLOW | DRIVE = 12;
NET "Seq_0[7]"       LOC = P58   | PULLUP  | IOSTANDARD = LVCMOS33 | SLEW = SLOW | DRIVE = 12;

# BP
NET "Rst"       LOC = P79   | PULLUP  | IOSTANDARD = LVCMOS33 | SLEW = SLOW | DRIVE = 12;
NET "Seq_in"    LOC = P78   | PULLUP  | IOSTANDARD = LVCMOS33 | SLEW = SLOW | DRIVE = 12;
```

3.7. Détecteur de seuil moyen

3.7.1. Analyse de fonctionnement

3.7.1.1. Introduction

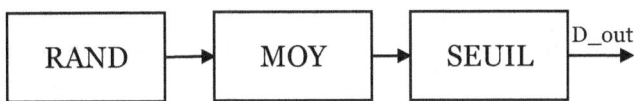

Figure 91 : Schéma synoptique du détecteur de seuil moyenné

La figure ci-dessus, illustre la chaine d'acquisition et filtrage d'un détecteur quelconque. Il est constitué de trois parties essentielles :

- Générateur du signal 'RAND' : On simule le signal d'entrée à un générateur pseudo-aléatoire ;
- Le filtre Moyenneur 'MOY' : Est un filtre à moyenne glissante de taille générique ;
- Circuit détecteur de seuil 'SEUIL' qui est basé sur un comparateur basique.

Domaines d'applications :

- ✓ Capteurs et détecteurs ;
- ✓ Seuillage d'image (Vision par ordinateur) ;
- ✓ Chaine d'acquisition et conditionnement du signal ;
- ✓ Etc.

3.7.2. Générateur pseudo-aléatoire

Dans cette section, on va étudier le principe de base d'un générateur pseudo-aléatoire « fait maison ». Premièrement, on va reprendre la notion d'un générateur d'une séquence pseudo-aléatoire :

Un générateur de séquences pseudo-aléatoires PRNG (Pseudo Random Number Generator), est un programme qui génère une séquence de nombres ayant un comportement aléatoire. En pratique, on peut être proche des propriétés idéales des sources complètement aléatoires car il est difficile d'obtenir une sortie d'un tel générateur entièrement aléatoire. Le mot pseudo-aléatoire revient au comportement aléatoire périodique du générateur. Autrement dit, le générateur est parfaitement aléatoire pour une séquence fini de nombres et il est déterminé par l'algorithme utilisé.

Les PRNG sont plus utilisés en télécommunication (estimation du canal), chiffrement de données (générateur des clés à un comportement aléatoire) ou divers dispositifs électroniques de mesure.

Le générateur utilisé dans ce projet, est généralement constitué de plusieurs compteurs de résolution identiques (N bits). L'évolution de chaque compteur, va dépendre des autres et/ou de lui-même. Ci-dessous, les fonctions d'évolutions de chaque compteur :

- Count_1 <=   Count_1 + Count_3 + 1;
- Count_2 <=   Count_1(N-1 downto M1) & Count_3(M1-1 downto 0);
- Count_3 <=   Count_2(N-1 downto M2+M1) & Count_3(M2+M1-2 downto 0)& Count_1(M1);

Le compteur 1 dépend des compteurs 1 et 3. Le compteur 2 et la concaténation du compteur 1 et 3. Le compteur 3 est la concaténation des trois compteurs.

Les paramètres M1, M2 et N sont les paramètres génériques du générateur. N est la taille du bus de sortie du générateur (N détermine la plage des valeurs possible à la sortie du générateur : 0 à 2^{N-1}).

Choix des paramètres du générateur :

- M1 >= 1 <N-1
- M2+M1 >=0 et M2+M1-2 <=N-1

Note : L'opérateur &, signifie l'opération de concaténation de bits en VHDL. Il ne signifie pas le « and » logique.

Exemple:

```
Signal S1 : std_logic :='0' ;
Signal S2 : std_logic :='0' ;
Signal S3 : std_logic_vector(1 downto 0) :="00";
..
S3 <= S1&S2;
```

La ligne S3 <= S1&S2 équivalent à S3(0) <= S2 ET S3(1) <= S1.

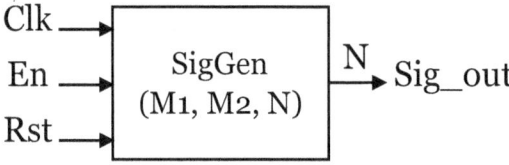

Figure 92 : Entité de détecteur de séquence

Le circuit détecteur contient une seule sortie sur N bits (N=8). La sortie est mise à jour à chaque coup d'horloge Clk par le générateur. La vitesse de génération des nombres aléatoires (changement de la sortie) est directement liée à la fréquence d'horloge. Lorsque la fréquence augmente, le temps de disponibilité de la sortie diminue et le temps du cycle de rotation du compteur devient faible. Comme il est illustré précédemment, le générateur est basé sur des compteurs 8 bits, qui doivent avoir une séquence fixe (période de générateur).

Astuce : Pour ne pas dévoiler le comportement du générateur et la séquence de rotation des nombres, c'est préférable d'avoir une horloge interne avec un comportement pseudo-aléatoire. De cette manière, on augmente le comportement aléatoire et on s'approche d'un générateur parfait.

Le principe de la méthode, consiste à l'utilisation de la sortie d'un autre compteur modulo (valeur du premier générateur). Cette dernière, sera utilisée comme étant l'horloge du deuxième générateur. En effet, le circuit sera constitué de l'instanciation de deux générateurs (un pour l'horloge et l'autre pour les données de sortie).

3.7.2.1. Synthèse en VHDL

Programme

```
library IEEE;
use IEEE.STD_LOGIC_1164.ALL;
use ieee.std_logic_arith.all;
use ieee.std_logic_unsigned.all;

entity SigGen is
     -- Paramètres du générateur
     Generic ( N : positive :=8;
               M1 : positive :=2;
               M2 : positive :=3
               );
     Port ( Rst      : in  STD_LOGIC;
            Clk  : in  STD_LOGIC;
            En   : in  STD_LOGIC;
            Sig_out : out STD_LOGIC_VECTOR (N-1  downto 0)
            );
end SigGen;

architecture Behavioral of SigGen is

signal Sig_out_tmp  : STD_LOGIC_VECTOR (N-1  downto 0):=(others =>'0');
signal Count_1      : STD_LOGIC_VECTOR (N-1  downto 0):=(others =>'0');
signal Count_2      : STD_LOGIC_VECTOR (N-1  downto 0):=(others =>'0');
signal Count_3      : STD_LOGIC_VECTOR (N-1  downto 0):=(others =>'0');

begin
     -- Génération de la sortie
     P_sigG : process (Rst, Clk, En)
     begin
          if Rst = '1' then
               Sig_out_tmp <= (others =>'0');

          elsif Clk'event and Clk = '1' then
               if En = '1' then
                    Sig_out_tmp <= Sig_out_tmp;
               else
                    Sig_out_tmp <= Sig_out_tmp;
               end if ;
          end if;
     end process P_sigG;
     Sig_out <= Count_1(N-1 downto 0);

     -- Compteur 1
     P_c1 : process (Rst, Clk, En)
     begin
          if Rst = '1' then
               Count_1 <= (others =>'0');

          elsif Clk'event and Clk = '1' then
               if En = '1' then
                    Count_1 <= Count_1  + Count_3+1;
               else
                    Count_1 <= Count_1;
               end if ;
          end if;
     end process P_c1;

     -- Compteur 2
     P_c2: process (Rst, Clk, En)
     begin
          if Rst = '1' then
               Count_2 <= (others =>'0');

          elsif Clk'event and Clk = '1' then
               if En = '1' then
                    Count_2 <=  Count_1(N-1 downto M1)& Count_3(M1-1 downto 0 );
               else
                    Count_2 <= Count_2;
               end if ;
          end if;
     end process P_c2;

     -- Compteur 3
     P_c3 : process (Rst, Clk, En)
```

```
      begin
         if Rst = '1' then
            Count_3 <= (others =>'0');
         elsif Clk'event and Clk = '1' then
            if En = '1' then
               Count_3 <= Count_2(N-1 downto M2+M1) & Count_3(M2+M1-2 downto 0)&
Count_1(M1);
            else
               Count_3 <= Count_3;
            end if ;
         end if;
   end process P_c3;
end Behavioral;
```

Le programme du générateur contient 4 processus :

- Processus 1 : Processus d'initialisation et de synchronisation de la sortie Sig_out_tmp ;
- Processus 2-4 : Gestions des différents compteurs et implémentation des équations de chaque compteur.

Simulation

L'analyse de données du générateur nécessite le traitement d'une grande quantité de données. La simulation graphique Isim de Xilinx, ne peut pas révéler le comportement aléatoire de données. Dans la section suivante, on va introduire la notion des fichiers en VHDL. On va stocker à chaque coup d'horloge, la valeur de la sortie dans un fichier texte. Le nombre d'échantillons dans le fichier et la durée d'exécution du programme, sont contrôlables par un paramètre dans le programme.

Le programme de simulation contient deux processus essentiels et un processus d'horloge. Le premier processus permet d'ecrire la valeur de la sortie en format flottant dans une ligne du fichier. Le nombre des lignes dans le fichier, est défini par une variable interne du programme : Le processus contient un compteur de ligne qui s'incrémente à chaque écriture dans le fichier.

Le deuxième processus, permet de stopper la simulation et interrompre l'écriture dans le fichier. Un test est effectué pour comparer le compteur des lignes avec la valeur maximal des échantillons permise. La simulation s'arrête quand le compteur arrive à la valeur maximale définie par l'utilisateur.

L'avantage de la gestion des fichiers en VHDL, est de pouvoir tester un grand nombre de combinaisons des entrées pour vérifier l'intégrité de notre design. Souvent, les cas de test générés automatiquement (à l'aide d'un programme) peuvent être facilement utilisés sans avoir effectué des modifications dans le code testbench.

3.7.2.2. Fonctions principale de la gestion des fichiers

- **Write**

La fonction « write » permet de formater une ligne pour l'écrire dans un fichier.

Syntaxe :

write(LigneForm, Valeur, Justifier, Largeur, Digits);

- ✓ **LigneForm**: Ligne de type line
- ✓ **Valeur** : valeur à écrire dans la ligne de type flottant (real). Dans la plupart des cas, les données de sorties sont de type std_logic ou std_logic_vector. La conversion en format flottant est indispensable et elle est réalisée par la ligne du code suivant :

    Valeur_float <= real (to_integer (unsigned (Valeur_std_logic_vector)));

- ✓ **Justifier** : Justification de la ligne, à droite ou à gauche (left, right)
- ✓ **Largeur** : La taille de la ligne en caractère (entier)
- ✓ **Digits** : nombre de digits après la virgule (entier)

La figure ci-dessous, montre le formatage de données dans le fichier en fonction des deux parametres : Largeur et Digits avec une justification à droite :

- o Configuration A : Largeur = 12, Digits = 1 **write(LigneForm, Valeur, right, 12, 1);**
- o Configuration B : Largeur = 12, Digits = 8 **write(LigneForm, Valeur, right, 12, 8);**
- o Configuration C: Largeur = 12, Digits = 12 **write(LigneForm, Valeur, right, 12, 12);**

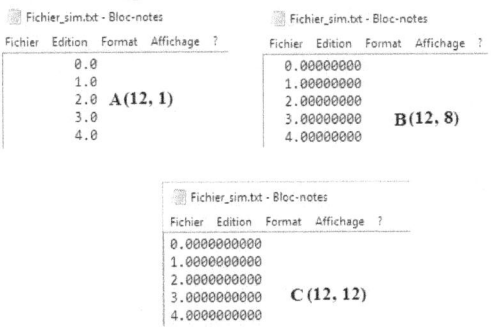

Figure 93 : Effet de largeur et nombre de digits sur le formatage du fichier

Note : dans le cas ou le signal de sortie est sur 1 bit, la fonction to_integer ne peut pas effectuer la conversion(la fonction to_integer ne supporte que le format vectoriel : std_logic_vector). La méthode la plus simple est d'ajouter un bit nul au poids fort au signal avant l'opération de conversion :

Sig_2bit <= '0'&Sig_1bit ;

- **Writeline**

La fonction « writeline » permet d'écrire une ligne formatée par la fonction « write » dans un fichier ouvert en écriture.

Syntaxe de la fonction :

writeline (Fichier, LigneForm)

- ✓ **Fichier** : Le nom du fichier de type file en format texte
- ✓ **LigneForm :** Ligne de type line

Ouverture de fichier en écriture (sortie) :

file Fichier : text is **out** "Fichier_sim.txt";

Libraire des fichiers :

- ✓ std.textio.all;
- ✓ std.env.all;
- ✓ ieee.math_real.all (nombres flottants)

Note : L'intégration de la gestion des fichiers dans le code VHDL ne signifie pas que le code et synthétisable. C'est uniquement un outil de test et de simulation et ne peut pas être synthétisé en circuit numérique.

```vhdl
LIBRARY ieee;
USE ieee.std_logic_1164.ALL;
use std.textio.all;
use std.env.all;
use ieee.math_real.all;
use ieee.std_logic_unsigned.all;
use ieee.numeric_std.all;


ENTITY tb_SigGen IS
END tb_SigGen;

ARCHITECTURE behavior OF tb_SigGen IS

    COMPONENT SigGen
    PORT(
        Rst : IN  std_logic;
        Clk : IN  std_logic;
        En : IN  std_logic;
        Sig_out : OUT  std_logic_vector(7 downto 0)
        );
    END COMPONENT;


    -- Entrées
    signal Rst : std_logic := '0';
    signal Clk : std_logic := '0';
    signal En : std_logic := '0';

    -- Sortie
    signal Sig_out : std_logic_vector(7 downto 0);

    -- période d'hologe
    constant Clk_period : time := 10 ns;

    -- Signaux du fichier
    signal    EndOF : std_logic := '0';
    signal    Data_write : real;
    signal    NumLin : integer:=1;
```

```vhdl
BEGIN
    -- Instanciation du circuit UUT
    uut: SigGen PORT MAP (
        Rst => Rst,
        Clk => Clk,
        En => En,
        Sig_out => Sig_out
        );

    -- Processus d'horloge
    Clk_process :process
    begin
        Clk <= '0';
        wait for Clk_period/2;
        Clk <= '1';
        wait for Clk_period/2;
    end process;
    Rst <= '0';
    En <= '1';

    -- Processus d'écriture dans le fichier texte
    P_write : process (Clk)
    -- Ouverture du fichier en écriture (sortie)
    file    outfile  : text is out "Fichier_sim.txt";
    -- Declration de la ligne
    variable outline : line;
    begin
        if Clk = '1' and Clk'event then
            -- Tant que la fin du fichier n'est pas attient
            if(EndOF='0') then
                -- Formatage de la ligne
                write(outline, Data_write, right, 8, 8);
                -- Ecrire la ligne dans le fichier
                writeline(outfile, outline);
                NumLin <= NumLin + 1;
            else
                null;
            end if;
        end if ;
    end process P_write;
    -- Conversion en flottant
    Data_write <= real(to_integer(unsigned(Sig_out)));

    -- Processus de fin de simulation
    Stop_sim :process (NumLin)
    Begin
        -- 10000 + 1
        if NumLin = 10001 then
            assert false
            report "Fin de simulation"
            severity failure;
        end if ;
    end process ;
END;
```

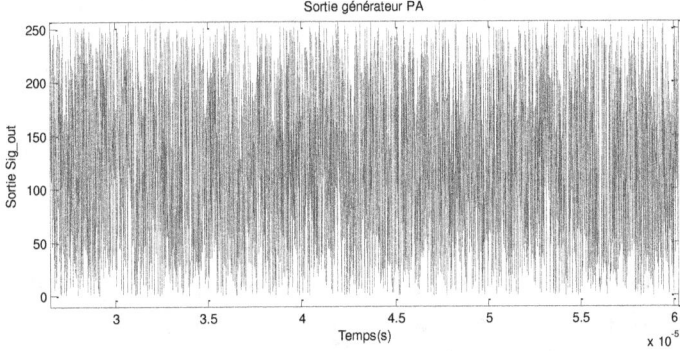

Figure 94 : Sortie Sig_out du générateur en fonction du temps (s)

La figure ci-dessus, montre le comportement temporel du signal de sortie. On voit clairement le changement aléatoire des valeurs de sortie. Les données présentent l'affichage du contenu du fichier texte en utilisant le logiciel matlab. Ci-dessous, le script matlab de lecture du fichier et d'affichage :

```
% Lecture du fichier
fileID = fopen('Fichier_sim.txt','r');
d_in = fscanf(fileID,'%f');
fclose(fileID);

% Création de l'axe du temps
t0 =10e-9; % Période de simulation
taille = length(d_in);
t = (1:taille)*t0;

% Affichage
figure (1)
plot(t, d_in);
xlabel('Temps(s)');
ylabel('Sortie Sig\_out');
title('Sortie générateur PA');
```

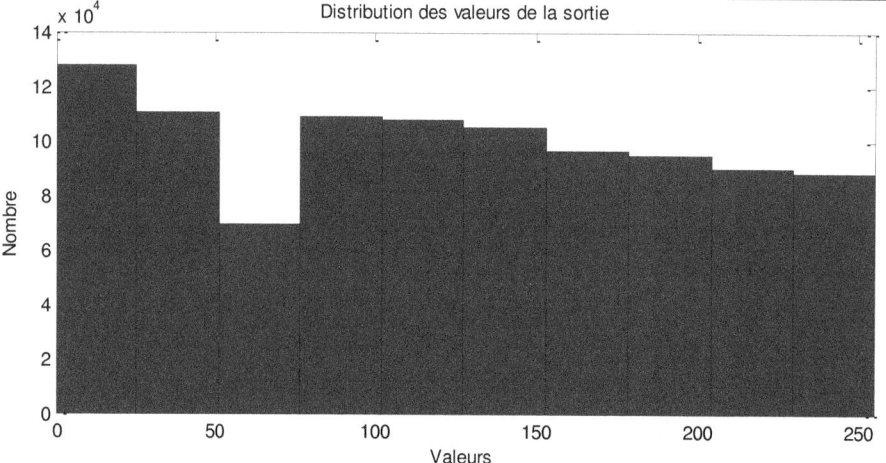

Figure 95 : Distribution des valeurs de la sortie

La figure ci-dessus, montre l'histogramme des valeurs de sortie. La distribution des valeurs est presque équiprobable. Le générateur pseudo-aléatoire donne de bons résultats.

Vous pouvez modifier les paramètres du générateur (N, M1 et M2) et voir l'effet sur la distribution des échantillons.

3.7.3. Le filtre de la moyenne glissante

3.7.3.1. Introduction

Le filtre 'moyenneur' est basé sur le principe de la moyenne glissante (ou la moyenne mobile) et il est souvent utilisé dans les applications d'analyse et traitement des séries temporelles de données. Il permet de réduire les fluctuations de façon à en déduire la valeur moyenne. Cette moyenne, est dite mobile parce qu'elle est recalculée de façon perpétuelle dès l'arrivé d'un nouvel échantillon et l'écrasement de l'ancien. Un filtre de moyenne glissante, est caractérisé par sa taille et la stratégie de traitement des échantillons (par bloc ou en continue).

D'une façon générale, le filtre est décrit par la formule suivante :

$$\text{Smoy}(i) = \frac{1}{N} \sum_{k=1}^{N} x(i-k)$$

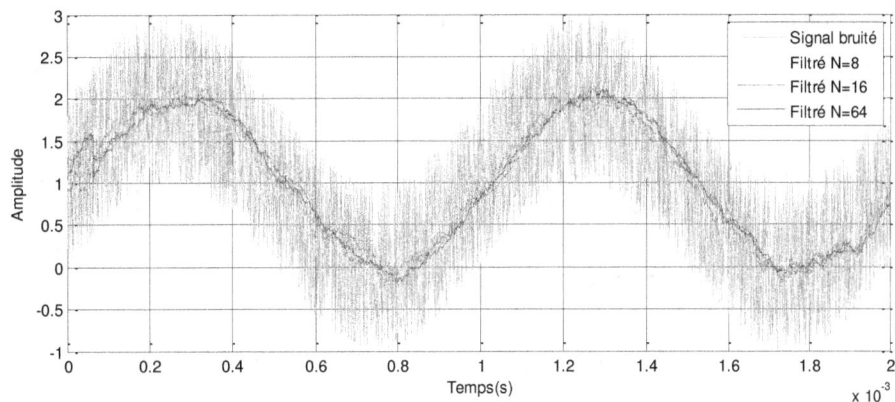

Figure 96 : Effet de la taille du filtre sur un signal bruité

La figure ci-dessus, montre l'effet du filtre moyenneur sur un signal sinusoïdal bruité d'une fréquence de 1 KHz. En outre, le filtre devient plus efficace pour des tailles croissantes. L'erreur entre le signal non bruité et le signal filtré, devient de plus en plus faible pour des valeurs croissantes de la taille du filtre.

Remarque : Le filtre dispose d'un retard de N échantillons dans la phase de démarrage. C'est le temps pour lequel le filtre rempli la totalité de la mémoire de taille N (voir la figure ci-dessous) :

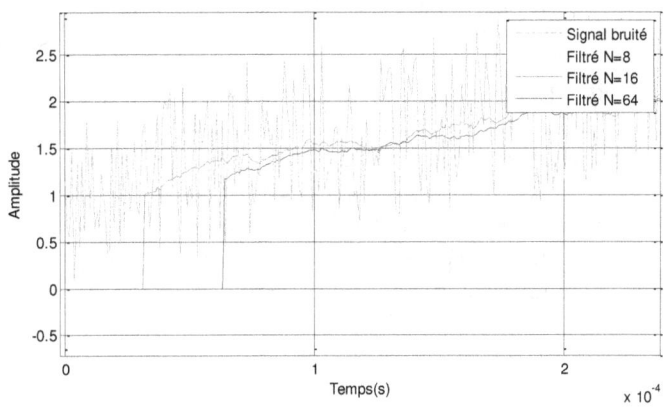

Figure 97 : Retard du filtre du à la taille du filtre N

3.7.3.2. Implémentation du filtre sur FPGA

Plusieurs stratégies d'implémentation peuvent être appliquées. Dans notre projet, on va se focaliser sur deux techniques plus simples. Une implémentation sur FPGA, sera présentée concernant la première technique.

L'équation de la moyenne glissante peut être écrite sous la forme suivante :

$$\text{Smoy}(i) = \frac{1}{N}[\,x(i-1) + x(i-2) + \ldots + x(i-N)]$$

La moyenne glissante actuelle est égale à la somme de N échantillons précédents devisés par le nombre d'échantillons total N. En pratique, on choisit souvent N qui prend des valeurs multiples de 2 : ($N=2^M$). La synthèse d'un diviseur par N, devient plus simple. Un simple décalage à droite de M bits réalise l'opération de division par N (2^M) :

$$\text{Smoy}(i) = \frac{\text{Somme}}{2^M} = (\text{somme}) \gg M$$

La variable 'somme' est l'accumulation de N échantillons précédents. Le choix de la taille de la variable 'somme' va dépendre du nombre d'échantillons. On considère des échantillons x(i) sur Nx bits. Par définition, la formule ci-dessous, indique la relation entre le nombre d'échantillons N, Nx et le nombre des bits Ns de l'accumulateur (sommateur) :

$$Ns = Nx + \log 2(N) = Nx + M$$

Pendant la synthèse en VHDL, la taille de la variable somme doit être supérieure ou égal à Nx+M.

Exemple :

On voulait réaliser un filtre de la moyenne glissante sur des données codées sur 8 bits (Nx = 8) de taille N=16. Le nombre des bits de la variable somme doit être égal au minimum à Ns :

$$Ns = 8 + \log 2(16) = 8 + \log 2(2^4) = 8 + 4 = 12 \text{ bits}$$

Note : La valeur moyenne est toujours inférieur ou égale à la valeur maximale d'un signal (la valeur moyenne est égale à la valeur maximal si tous les échantillons ont la même valeur). Autrement dit, la valeur moyenne après le décalage à droite, sera codée aussi sur 8 bits et les bits de poids fort, seront mis à zéro et éliminés. L'intérêt de l'extension de la taille de l'accumulateur, est de contenir la somme de la totalité des échantillons.

3.7.3.3. Exemple de calcul d'une moyenne glissante

On considère un vecteur x(i) contenant 8 échantillons codés sur 4 bits Nx=4 :

x = [8, 12, 14, 15, 0, 6, 8, 13] sur 4 bits

On calcule la moyenne sur 8 échantillons (N = 8). La somme du vecteur sera codée sur : 4+log2(8) = 7 bits.

Calcul de la somme des échantillons :

Somme = 8 +12 + 14 + 15 + 0 + 6 + 8 +13 = 76 = (1001**100**)2

Smoy = Somme /8 = Somme >> 3 = (1001100) >> 3 = **000**1001 =(1001) = 9

La valeur moyenne est égale à 9.

Remarque : Après le décalage à droite, on constate la suppression des trois bits du poids fort, le bit b_2 du poids faible vaut '1'. Alors, la précision sur la valeur moyenne est réduite et la valeur moyenne réelle vaut 76/8 = 9.5. Donc, l'opération du décalage, ne garde que la partie entière du résultat et l'erreur de calcul vaut 0.5.

Note : C'est possible de garder tous les bits du résultat, en utilisant une virgule fixe dans la position 3 comme suit :

(1001100) >> 3 = **1001,100**

Calcul de la valeur décimal corresponde à 1001,100 :

$(1001,100)_2 = (1001)_2 + (0,100)_2 = 9 + 2^{-1} = 9+0.5 = 9.5$

La valeur obtenue confond avec la valeur réelle de la moyenne. L'erreur est nulle.

Note : Le choix de maintenir ou non les bits de poids fort, dépend du type de données traitées et les ressources matérielles disponibles. La première méthode, est moins couteuse en termes des ressources sur FPGA mais la précision des résultats, peut être dégradée. En pratique, la valeur moyenne présente une valeur proche de la valeur réelle du signal. Dans ses conditions, la précision ne présente pas une contrainte de réalisation. Dans la suite du projet, on va se focaliser sur la technique de décalage et suppression des bits.

Structure matériel de l'additionneur :

Figure 98 : Architecture d'additionneur basé sur l'accumulation et le décalage

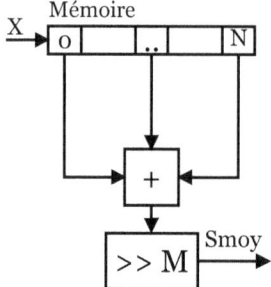

Figure 99 : Architecture additionneur basée sur la mémoire

La première architecture est basée sur un additionneur et un retard d'un coup d'horloge (Z^{-1}). Elle consiste à l'addition de l'échantillon actuel et l'ancien à chaque coup d'horloge pendant N itérations. Le résultat final est obtenu par un simple décalage à droite. L'inconvénient de l'architecture et le temps de traitement, car la sommation des données nécessite N coups d'horloge. Cependant, l'architecture ne dispose pas d'une mémoire interne pour le stockage des échantillons et elle consomme moins de ressources matérielles.

La deuxième architecture, est basée sur une mémoire de taille N, et la mémoire est mise à jours à chaque arrivé de l'échantillon (stockage de nouveau échantillon et destruction du plus enceins). Un additionneur parallèle avec N entrées effectue l'addition de tous les échantillons de la mémoire. Puis, le résultat est obtenu après le décalage à droite de la somme. L'architecture est gourmande en ressources (mémoire, additionneur, ...) et c'est rare qu'on l'utilise en pratique. L'avantage de cette architecture, est le temps de traitement (un résultat à chaque coup d'horloge).

Note : Il est souvent préférable d'utiliser une architecture mixte (mémoire + calcul) dans le cas ou le système fonctionne avec deux domaines d'horloge (Par exemple : Une haute fréquence pour l'acquisition de données et une basse fréquence pour le traitement). Dans la suite du projet, on va se focaliser sur la mise en oeuvre de la première architecture.

3.7.3.4. Synthèse VHDL

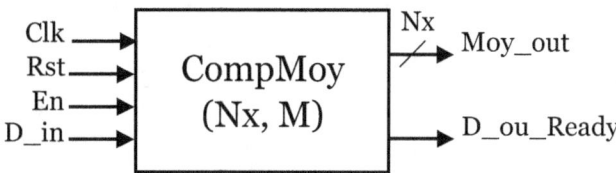

Figure 100 : Entité filtre moyenne glissante

Le composant CmpMoy comprend deux sorties :

- Moy_out : contient la valeur moyenne calculée.
- D_ou_Ready : indicateur de présence du résultat à la sortie.

Le composant prend N coups d'horloge pour générer un résultat. L'indicateur, est mis à 1 quand la sortie est mise à jour. La sortie maintient la même valeur (pendant N coup d'horloge) pendant la phase de calcul de la prochaine valeur.

Le programme contient deux processus : Processus du comptage de nombres d'échantillons et processus de calcul et mise à jour de l'accumulateur.

Programme:

```vhdl
library IEEE;
use IEEE.STD_LOGIC_1164.ALL;
use ieee.std_logic_arith.all;
use ieee.std_logic_unsigned.all;

entity CompMoy is
    Generic ( Nx : positive :=8;
              M : positive :=3 -- 2^M valeurs
              );
    Port ( Rst        : in  STD_LOGIC;
           Clk        : in  STD_LOGIC;
           En         : in  STD_LOGIC;
           D_in       : in  STD_LOGIC_VECTOR (Nx-1 downto 0);
           Moy_out    : out STD_LOGIC_VECTOR (Nx-1 downto 0);
           D_ou_Ready : out STD_LOGIC
              );
end CompMoy;

architecture Behavioral of CompMoy is

signal Moy_tmp : STD_LOGIC_VECTOR (Nx+M-1 downto 0):= (others => '0');
signal D_in_tmp : STD_LOGIC_VECTOR (Nx+M-1 downto 0):= (others => '0');
signal Count_val : STD_LOGIC_VECTOR (M-1 downto 0):= (others => '0');
signal Moy_out_tmp : STD_LOGIC_VECTOR (Nx-1 downto 0):= (others => '0');

signal D_ou_Ready_tmp   :   STD_LOGIC:='0';

begin

    -- Compteur des valeurs de la moyenne
    P_count: process (Rst, Clk, En)
    begin
        if Rst = '1' then
            Count_val <= (others =>'0');

        elsif Clk'event and Clk = '1' then
            if En = '1' then
                Count_val <= Count_val+1;
            else
                Count_val <= Count_val;
            end if ;
        end if;
    end process P_count;

    P_MoyCalc: process (Rst, Clk, En, Count_val)
    begin
        if Rst = '1' then
```

```vhdl
                    Moy_tmp <= (others =>'0');
                    D_ou_Ready_tmp <= '0';
            
            elsif Clk'event and Clk = '1' then
                    if En = '1' then
                    
                            -- Accumulation des valeurs
                            Moy_tmp <= Moy_tmp + D_in_tmp;
                            
                            if Count_val = "111"  then -- valeur maximale du compteur
                                    Moy_tmp <= (others =>'0');
                                    D_ou_Ready_tmp <= '1';
                                    Moy_out_tmp <= Moy_tmp(Nx+M-1  downto M);
                            else
                                    D_ou_Ready_tmp <= '0';
                                    Moy_out_tmp <= Moy_out_tmp;
                            end if ;
                    else
                            Moy_tmp <= Moy_tmp;
                    end if ;
            end if;
    end process P_MoyCalc;
    D_in_tmp (Nx-1 downto 0) <= D_in;
    D_ou_Ready <=D_ou_Ready_tmp;
    Moy_out <= Moy_out_tmp;
end Behavioral;
```

Simulation

```vhdl
LIBRARY ieee;
USE ieee.std_logic_1164.ALL;

ENTITY tb_CompMoy IS
END tb_CompMoy;

ARCHITECTURE behavior OF tb_CompMoy IS

    COMPONENT CompMoy
    PORT(
         Rst : IN  std_logic;
         Clk : IN  std_logic;
         En : IN  std_logic;
         D_in : IN  std_logic_vector(7 downto 0);
         Moy_out : OUT  std_logic_vector(7 downto 0);
         D_ou_Ready : OUT  std_logic
        );
    END COMPONENT;

    signal Rst : std_logic := '0';
    signal Clk : std_logic := '0';
    signal En : std_logic := '0';
    signal D_in : std_logic_vector(7 downto 0) := (others => '0');

    signal Moy_out : std_logic_vector(7 downto 0);
    signal D_ou_Ready : std_logic;

    constant Clk_period : time := 10 ns;

BEGIN

    uut: CompMoy PORT MAP (
         Rst => Rst,
         Clk => Clk,
         En => En,
         D_in => D_in,
         Moy_out => Moy_out,
         D_ou_Ready => D_ou_Ready
        );

    Clk_process :process
    begin
         Clk <= '0';
         wait for Clk_period/2;
         Clk <= '1';
         wait for Clk_period/2;
    end process;

    Rst <= '0';
    En <= '1';

    D_in_process :process
    begin
```

```
            D_in <= "10000000";
            wait for Clk_period;

            D_in <= "01000000";
            wait for Clk_period;

            D_in <= "00100000";
            wait for Clk_period;

            D_in <= "00010000";
            wait for Clk_period;

            D_in <= "10000000";
            wait for Clk_period;

            D_in <= "01000000";
            wait for Clk_period;

            D_in <= "00100100";
            wait for Clk_period;

            D_in <= "00011100";
            wait for Clk_period;

            D_in <= "10000000";
            wait for Clk_period;

            D_in <= "01000010";
            wait for Clk_period;

            D_in <= "00110000";
            wait for Clk_period;

            D_in <= "00110000";
            wait for Clk_period;
        end process;
END;
```

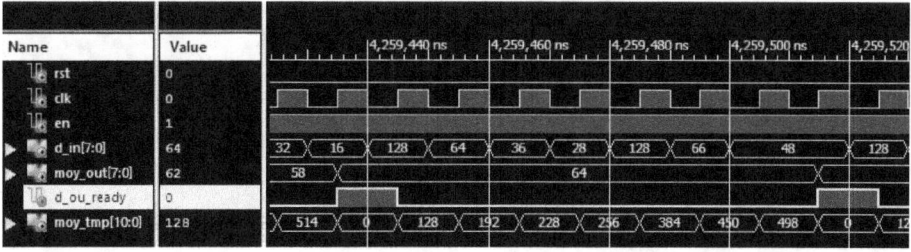

Figure 101 : Chronogrammes d'entrées et sortie du filtre

La figure ci-dessus, montre l'évolution des sorties en fonctions des entrées. Le filtre, est de taille 8 (M=3) et les données d'entrée d_in sont codées sur 8 bits. La sortie moy_out maintient la valeur 64 pendant 8 coups d'horloge. La valeur 64 correspond à la moyenne de la somme (128 + 64 + 36 + 28 + 128 + 66 + 48) et la valeur moyenne réelle vaut 62.25.

La sortie d_ou_ready passe à 1 à chaque mise à jour du résultat et elle est mise à jour à la fin du cycle de calcul (mise à zéro du compteur) (voir la figure ci-dessous).

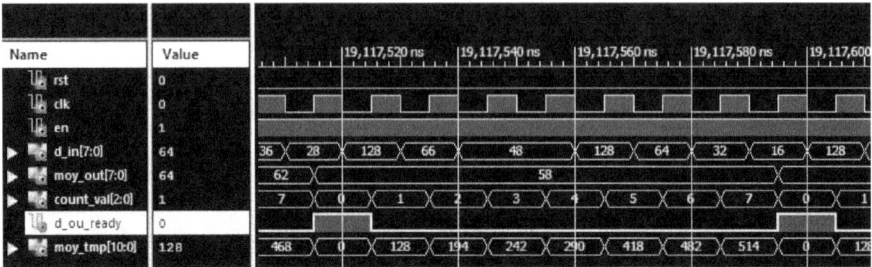

Figure 102 : Valeur du compteur interne d'échantillons

3.7.4. Circuit détecteur de seuil

3.7.4.1. Analyse de fonctionnent

La détection de seuil 'SEUIL' est basé sur un comparateur basique. La notion de détection de seuil très utilisée en électronique dans les systèmes de surveillance. A titre d'exemple, elle peut servir pour indiquer qu'une tension est bien dans la plage voulue et pour la surveillance d'état d'une pile ou d'une batterie. Cependant, il peut être utilisé pour alerter en cas de dépassement d'un seuil fixe par l'utilisateur (Par exemple, le cas des moteurs qui ne supportent pas les surcharges,… Etc).

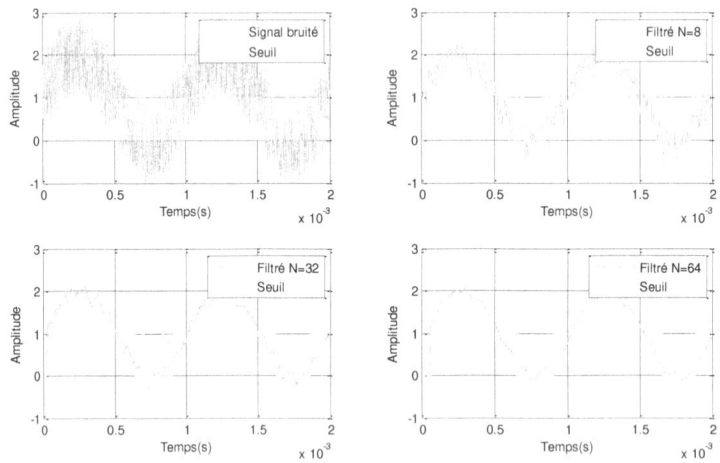

Figure 103 : Effet du filtre sur le résultat de seuillage

Pour les graphes ci-dessus, le seuil est fixé à 0.25.

Pour un signal bruité, il est difficile d'effectuer l'opération de seuillage. Une opération de filtrage du bruit est nécessaire pour réduire le nombre de transitions induites par le bruit (des fausses détections). On remarque dans le graphe ci-dessus, que :

- Le nombre de transitions a baissé considérablement lorsque la taille du filtre devient importante;
- La qualité du signal augmente avec l'augmentation de la taille du filtre.

Les notions étudiées dans ce projet, sont plus utiles dans les systèmes d'acquisition et conditionnement du signal. Un détecteur de seuil basique, contient un comparateur de niveau. Par analogie, il est identique à un comparateur analogique à base d'un amplificateur opérationnel, et le même principe s'applique dans les circuits numériques.

3.7.4.2. Synthèse en VHDL

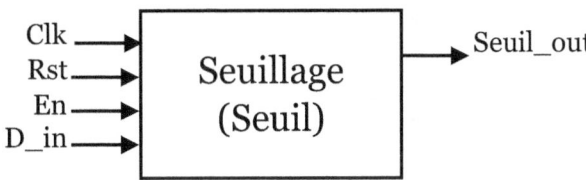

Figure 104 : Entité de détecteur de seuil

Le composant Seuillage menu d'une entrée sur N bits D_in, effectue la comparaison de la valeur instantanée de l'entrée avec une constante de Seuil fixe. Le composant génère à chaque coup d'horloge, un résultat de comparaison Seuil_out ('1' signifie le dépassement de seuil et '0' signifie que le signal est au dessous du seuil).

Programme :

```
library IEEE;
use IEEE.STD_LOGIC_1164.ALL;
use ieee.std_logic_arith.all;
use ieee.std_logic_unsigned.all;

entity Seuillage is
     Generic ( N : positive :=8
             );
    Port ( Rst : in  STD_LOGIC;
           Clk : in  STD_LOGIC;
           En : in  STD_LOGIC;
           D_in : in  STD_LOGIC_VECTOR (N-1 downto 0);

           Seuil_out : out  STD_LOGIC);
end Seuillage;
architecture Behavioral of Seuillage is

constant Seuil :   STD_LOGIC_VECTOR (N-1 downto 0):=x"7f";

begin
    P_seuil: process (Rst, Clk, En)
    begin
        if Rst = '1' then
            Seuil_out <= '0';
        elsif Clk'event and Clk = '1' then
            if En = '1' then
                if D_in > Seuil then
                    Seuil_out <= '1';
                else
                    Seuil_out <='0';
                end if;
            end if ;
        end if;
    end process P_seuil;
end Behavioral;
```

Le programme contient un seul processus qui réalise la fonction de comparaison entre les échantillons d'entrée et le seuil interne :

```
constant Seuil :   STD_LOGIC_VECTOR (N-1 downto 0):=x"7f";
```

Simulation:

```
...
D_in_process :process
    begin
        D_in <= x"25";
        wait for 5*Clk_period;

        D_in <= x"c4";
        wait for 5*Clk_period;

        D_in <= x"74";
        wait for 5*Clk_period;

        D_in <= x"99";
        wait for 5*Clk_period;

        D_in <= x"33";
        wait for 5*Clk_period;

        D_in <= x"ff";
        wait for 5*Clk_period;

        D_in <= x"da";
        wait for 5*Clk_period;

    end process;

    Rst <= '0';
    En  <= '1';
...
```

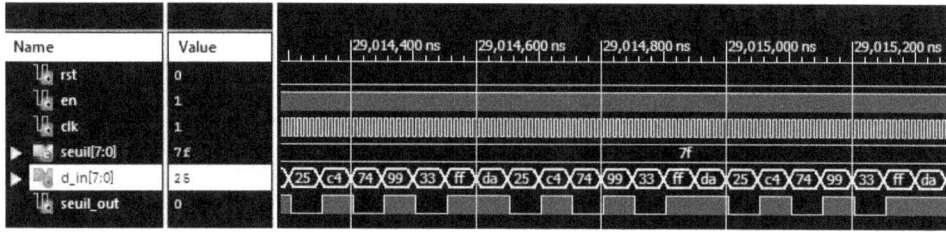

Figure 105 : Chronogrammes du détecteur de seuil

La sortie Seuil_out passe à '1' à chaque dépassement de la valeur «7f» et vaut '0' au cas contraire.

3.7.5. Test du projet global

Cette section, sera dédiée à l'instanciation des différents blocs du projet. L'entité principale du projet sera nommée SeuilMoy, et les trois composants étudiés précédemment (RAND, CompMoy et Seuil) sont inclus.

Projets FPGA pour les Électroniciens

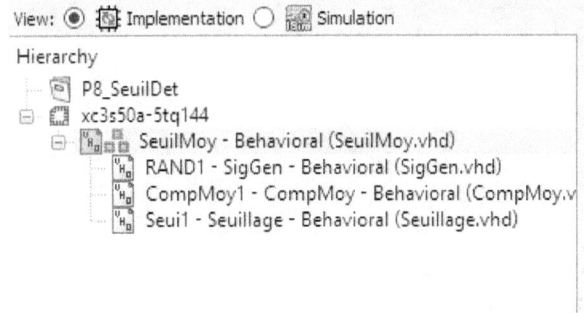

Figure 106 : Ordonnancement des fichiers projet

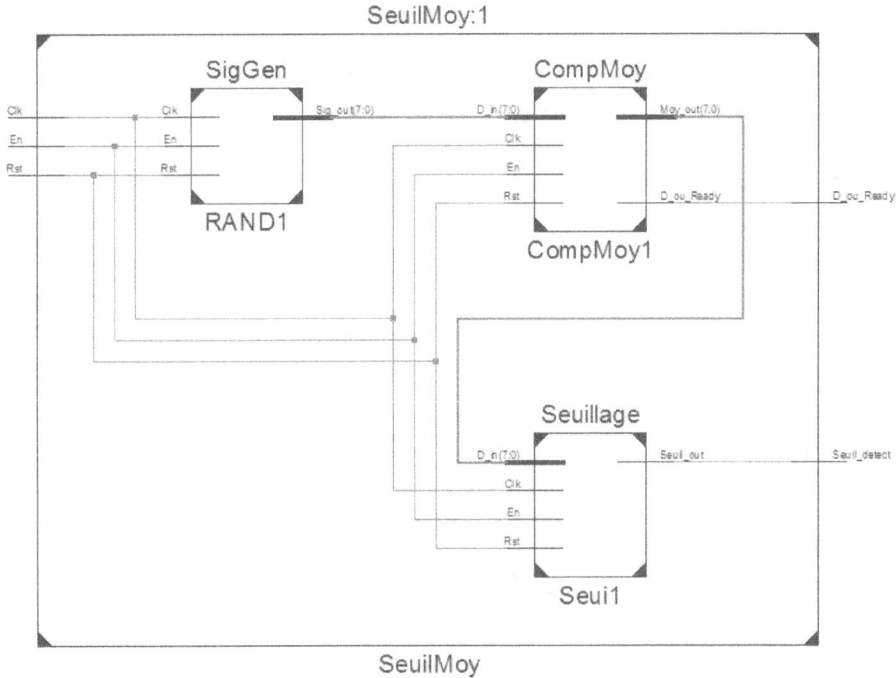

Figure 107 : Architecture global du projet après instanciation

3.7.5.1. Programme

```
library IEEE;
use IEEE.STD_LOGIC_1164.ALL;

entity SeuilMoy is
    Port ( Rst : in  STD_LOGIC;
           En : in  STD_LOGIC;
           Clk : in  STD_LOGIC;
           D_ou_Ready : out  STD_LOGIC;
           Seuil_detect : out   STD_LOGIC);
end SeuilMoy;

architecture Behavioral of SeuilMoy is

COMPONENT SigGen
PORT(
    Rst : IN std_logic;
```

```vhdl
        Clk : IN std_logic;
        En : IN std_logic;
        Sig_out : OUT std_logic_vector(7 downto 0)
        );
END COMPONENT;

signal Sig_out : std_logic_vector(7 downto 0):=(others =>'0');

-----------------------------------------------------------

COMPONENT CompMoy
PORT(
        Rst : IN std_logic;
        Clk : IN std_logic;
        En : IN std_logic;
        D_in : IN std_logic_vector(7 downto 0);
        Moy_out : OUT std_logic_vector(7 downto 0);
        D_ou_Ready : OUT std_logic
        );
END COMPONENT;

signal Moy_out : std_logic_vector(7 downto 0):=(others =>'0');

-----------------------------------------------------------

COMPONENT Seuillage
PORT(
        Rst : IN std_logic;
        Clk : IN std_logic;
        En : IN std_logic;
        D_in : IN std_logic_vector(7 downto 0);
        Seuil_out : OUT std_logic
        );
END COMPONENT;

begin

    RAND1: SigGen PORT MAP(
        Rst => Rst,
        Clk => Clk,
        En => En,
        Sig_out => Sig_out
    );

    CompMoy1: CompMoy PORT MAP(
        Rst => Rst,
        Clk => Clk,
        En => En,
        D_in => Sig_out,
        Moy_out => Moy_out,
        D_ou_Ready =>D_ou_Ready
    );

    Seuil1: Seuillage PORT MAP(
        Rst => Rst,
        Clk => Clk,
        En => En,
        D_in => Moy_out,
        Seuil_out => Seuil_detect
    );

end Behavioral;
```

3.7.5.2. Simulation

```vhdl
LIBRARY ieee;
USE ieee.std_logic_1164.ALL;
use std.textio.all;
use ieee.std_logic_unsigned.all;
use ieee.numeric_std.all;
use ieee.math_real.all;
use std.env.all;

ENTITY tb_SeuilMoy IS
END tb_SeuilMoy;

ARCHITECTURE behavior OF tb_SeuilMoy IS

    COMPONENT SeuilMoy
    PORT(
        Rst : IN  std_logic;
        En : IN  std_logic;
        Clk : IN  std_logic;
```

```vhdl
            D_ou_Ready : OUT   std_logic;
            Seuil_detect : OUT   std_logic
          );
    END COMPONENT;


    --Inputs
    signal Rst : std_logic := '0';
    signal En : std_logic := '0';
    signal Clk : std_logic := '0';

       --Outputs
    signal D_ou_Ready : std_logic;
    signal Seuil_detect : std_logic;

    -- Clock period definitions
    constant Clk_period : time := 10 ns;

    -- File signals
       signal    EndOF : std_logic := '0';
       signal    Seuil_detVect : std_logic_vector(3 downto 0) := (others =>'0');
       signal    Data_write : real;
       signal    NumLin : integer:=1;

BEGIN

       -- Instantiate the Unit Under Test (UUT)
       uut: SeuilMoy PORT MAP (
              Rst => Rst,
              En => En,
              Clk => Clk,
              D_ou_Ready => D_ou_Ready,
              Seuil_detect => Seuil_detect
            );

       -- Clock process definitions
       Clk_process :process
       begin
              Clk <= '0';
              wait for Clk_period/2;
              Clk <= '1';
              wait for Clk_period/2;
       end process;

       Rst <= '0';
       En <= '1';

       P_write : process (Clk)
       file      outfile  : text is out "Fichier_sim1.txt";
       variable  outline  : line;
       begin
              if Clk = '1' and Clk'event then
                     if(EndOF='0') then
                            write(outline, Data_write, right, 16, 12);
                            writeline(outfile, outline);
                            NumLin <= NumLin + 1;
                     else
                            null;
                     end if;
              end if ;
       end process P_write;
       Seuil_detVect <= "000" &Seuil_detect;
       Data_write <= real(to_integer(unsigned(Seuil_detVect)));

       Stop_sim :process (NumLin)
       begin
              if NumLin = 10001 then
                     assert false
                     report "Fin de simulation"
                     severity failure;
              end if ;
       end process ;
END;
```

On récupère deux fichiers de simulation :

- Fichier_sim.txt : contient les échantillons du générateur de bruit.
- Fichier_sim1.txt : contient la sortie du système global et la sortie du comparateur à seuil.

La figure ci-dessous, illustre le résultat du détecteur de seuil en utilisant un filtre de moyenne glissante dont la taille est celle de 8 échantillons sur 8 bits.

Pour des raisons d'affichage, la sortie du comparateur est multipliée par 255 et le seuil est fixé à 127 ('7f').

On constate sur la courbe verte, que les transitions du signal, sont réduites par rapport à l'utilisation d'un seuil normal.

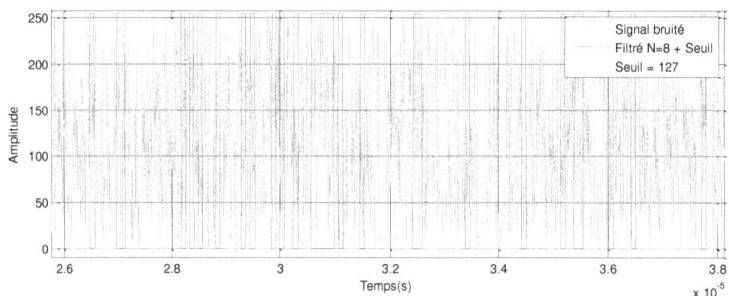

Figure 108 : Chronogrammes d'entrées et sortie du filtre

3.7.6. Implimentation sur kit

L'implimentation du projet sur kit, ne nécessite essentiellement que deux sorties (liées aux deux LED D1 et D2) et trois entrées :

- L'entrée de réinitialisation liée au premier interrupteur du Switch ;
- L'entrée de validation liée au deuxième interrupteur ;
- L'horloge liée à la source interne d'horloge de 12 MHz.

Figure 109 : Pinout du circuit détecteur de seuil

```
# Alimentation
CONFIG VCCAUX = "3.3" ;
# Horloge 12 MHz
```

```
NET "Clk" LOC = P129   | IOSTANDARD = LVCMOS33 | PERIOD = 12MHz;

# LED / Données Sortie
NET "Seuil_detect "  LOC = P46   | IOSTANDARD = LVCMOS33 | SLEW = SLOW | DRIVE = 12;
NET "D_ou_Ready"     LOC = P47   | IOSTANDARD = LVCMOS33 | SLEW = SLOW | DRIVE = 12;

# Switch

NET "Rst"      LOC = P70   | PULLUP   | IOSTANDARD = LVCMOS33 | SLEW = SLOW | DRIVE = 12;
NET "En"       LOC = P69   | PULLUP   | IOSTANDARD = LVCMOS33 | SLEW = SLOW | DRIVE = 12;
```

Remarque : L'observation des détections aléatoires de dépassement de seuil dans la sortie Seuil_detect ainsi que la sortie D_ou_Ready ne sera pas lisible par l'utilisateur. La fréquence d'horloge est beaucoup plus rapide pour l'œil humain. En revanche, vous pouvez relier les sorties à des pins externes et les observer par un oscilloscope, sinon vous pouvez réduire la fréquence d'horloge en utilisant le générateur d'horloge qu'on avait d'étudié dans les projets précédents. Une fréquence de quelque Hz sera suffisante.

Ci-dessous, les deux lignes à insérer dans le fichier pinout dans le cas de besoin d'utilisation de deux sorties dans header P1, et n'oubliez pas de commenter les deux lignes pour les mêmes signaux dans le fichier pinout :

```
# HEADER P1
NET "Seuil_detect"          LOC = P31   | IOSTANDARD = LVCMOS33 | SLEW = SLOW | DRIVE = 12;
NET "D_ou_Ready"            LOC = P32   | IOSTANDARD = LVCMOS33 | SLEW = SLOW | DRIVE = 12;
```

3.8. Détecteur de personne

3.8.1. Introduction

Ce projet traite les détecteurs, leurs fonctionnements et le contrôles par une plateforme numérique (microcontrôleur, FPGA, DSP,...). On va étudier tout au long de ce projet, une application typique de détection de mouvement par le capteur PIR (Passive Infrared Sensor). Ce dernier, est un capteur de mouvement infrarouge passif souvent utilisé dans plusieurs applications industrielles (Par exemple, pour concevoir des systèmes d'alarme et de surveillance). Le détecteur est caractérisé par l'efficacité et le prix qui n'est pas cher.

Le projet actuel, sera dédié au contrôle de la détection d'un mouvement par le capteur de mouvement PIR afin d'allumer automatiquement une LED pendant une certaine durée. La durée d'allumage ainsi que la sensibilité du capteur peuvent être ajustés par l'utilisation.

Objectifs du projet :

- Comprendre le principe de fonctionnement d'un détecteur de mouvement PIR ;
- Savoir comment gérer la sensibilité du détecteur ;
- Savoir mettre en pratique le détecteur ;
- Savoir implémenter une machine à état en VHDL.

3.8.2. Fonctionnement du détecteur PIR

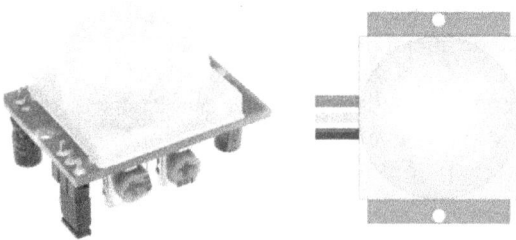

Figure 110 : Détecteur PIR

Les capteurs infrarouges PIR, fournissent des solutions très simples pour la détection du mouvement. Tous les éléments émettent un faible niveau de radiation infrarouge, et tout corps exposé à une source de chaleur émet davantage de radiation. Les capteurs PIR, sont capables de détecter tout changement (transition) de niveau de radiation à l'intérieur de leur zone de détection. Par exemple, lorsqu'une personne entre dans une pièce, le capteur détecte le changement du niveau de radiation.

Les détecteurs de mouvement ou de présence, permettent aux utilisateurs d'économiser l'énergie ou détecter l'intrusion. Ils sont largement utilisés dans la commande de l'éclairage intérieur et extérieur, et aussi pour la commande des systèmes automatisés.

Exemple : En éclairage, le détecteur de mouvement contrôle l'allumage des lampes lors de l'entrée d'une personne et les éteint quelques temps après sa sortie. Le dispositif nécessite une temporisation à l'extinction pour ne pas réduire la durée de vie des lampes (réduire les cycles d'allumage/extinction).

Signification des broches de détecteur :

- Rouge : PIR-VCC (alimentation 3 à 5 VCC) ;
- Brun : PIR-OUT (sortie numérique) ;
- Noir : PIR-GND (masse).

Caractéristiques techniques du détecteur :

- Capteur infrarouge avec la platine de commande ;
- La sensibilité et le temps d'attente sont ajustables (par des potentiomètres) ;
- Plage de détection : Environ 7m;
- Angle de détection : Moins de 100 degrés;
- Chaine de tension : DC 4,5 V;
- Courant de repos : moins de 50uA;
- Niveau de Tension de sortie : 3V Haut / Bas 0V;
- Température de fonctionnement : -15 a +70 degrés C;
- Taille de carte : environ 32mm x 24mm / 1,3 x 0,9 pouces.

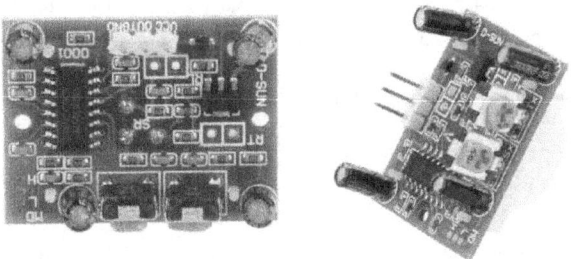

Figure 111 : Photo illustratif du détecteur

3.8.3. Analyse de fonctionnement

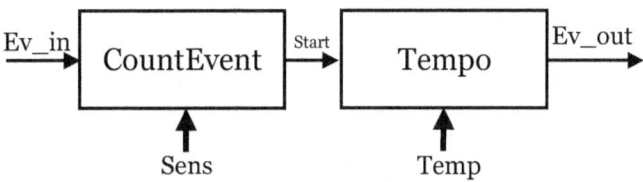

Figure 112 : Schéma synoptique de détecteur

Le schéma synoptique du détecteur est constitué de deux briques essentiels :

- CountEvent : Compteur d'éventement programmable
- Tempo : Temporisateur programmable

3.8.3.1. Détecteur et compteur d'événement

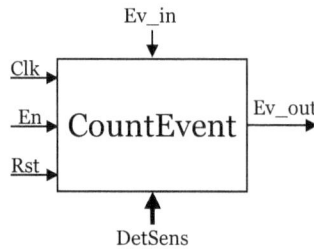

Figure 113 : Entité compteur d'événement

Le compteur d'événement (voir l'entité ci-dessus) est le composant de base du projet. Il permet de compter la durée de passage à 1 du signal Ev_in qui sera lié à la sortie logique du détecteur (PIR-OUT). L'avantage de cette technique, réside dans son efficacité. En effet, la méthode permet de contrôler la sensibilité du capteur ainsi que le problème des rebonds. C'est une méthode pertinente pour l'élimination des rebonds et elle peut être utilisée dans n'importe quel projet.

L'entrée DetSens sur 8 bits, détermine la sensibilité du capteur :

- Si DetSens = '1', la sortie Ev_out passe à 1 à chaque détection du niveau 1 dans l'entrée Ev_in.
- Si DetSens='ff' (255), la sortie passe à '1', après la détection de 255 niveau '1' successif à l'entrée d'événement.

Ce paramètre configurable par l'utilisateur, nous permet également de réduire les fausses détections.

Programme

Le programme est constitué d'un seul processus P_countEv qui regroupe le comptage et la mise à 1 de la sortie Ev_out à la fin du comptage. L'extrait du code ci-dessous, montre le principe du fonctionnement du détecteur :

```
...
if Ev_in_tmp ='1' then
    Count_ev <= Count_ev +1;
    if Count_ev = DetSens then
        Ev_out_tmp <= '1';
        Count_ev <= (others =>'0');
    end if;
else
    Ev_out_tmp <= '0';
    Count_ev <= (others =>'0');
end if;
...
```

Le compteur Count_ev s'incrémente à chaque détection du niveau haut du signal Ev_in_tmp et lorsque le compteur arrive à la valeur DetSens, le signal Ev_out_tmp passe à 1 et on réinitialise après le compteur. Dans le cas contraire, le signal ainsi le compteur sera remis à zéro.

Note : Il est probable que le signal Ev_in_tmp passe à 1 pendant une durée à DetSens, puis il passe à zéro. Dans ce cas, le compteur sera remis à zéro et la sortie de détection maintient la valeur nulle. Autrement dit, il est indispensable que l'entrée Ev_in_tmp reste à 1 pendant DetSens coups d'horloge pour que la sortie passe à 1.

Dans le cas d'une entrée asynchrone, le compteur peut continuer à compter même en cas de passage à '0', puis à '1' du signal Ev_in_tmp avant l'arrivé du coup d'hologe. Cette configuration, n'est pas envisageable, car le signal d'entrée est synchronisé et mis à jour à chaque coup d'horloge.

Programme complet

```
library IEEE;
use IEEE.STD_LOGIC_1164.ALL;
use ieee.std_logic_arith.all;
use ieee.std_logic_unsigned.all;

entity CountEvent is
    Port ( Rst    : in  STD_LOGIC;
           Clk    : in  STD_LOGIC;
           En     : in  STD_LOGIC;
           Ev_in  : in  STD_LOGIC;
           DetSens : in STD_LOGIC_VECTOR(7 downto 0);
           Ev_out : out STD_LOGIC);
end CountEvent;

architecture Behavioral of CountEvent is

signal Count_ev    : STD_LOGIC_VECTOR(7 downto 0):=(others =>'0');
signal Ev_out_tmp  : STD_LOGIC:='0';
signal Ev_in_tmp   : STD_LOGIC:='0';
begin
    P_countEv: process (Rst, Clk, En, Ev_in_tmp)
        begin
            if Rst = '1' then
                Count_ev <= (others =>'0');
                Ev_out_tmp <= '0';
            elsif Clk'event and Clk = '1' then
                if En = '1' then
                    if Ev_in_tmp ='1' then
                        Count_ev <= Count_ev +1;
                        if Count_ev = DetSens then
                            Ev_out_tmp <= '1';
                            Count_ev <= (others =>'0');
                        end if;
                    else
                        Ev_out_tmp <= '0';
                        Count_ev <= (others =>'0');
                    end if;
                else
                    Count_ev <= Count_ev;
                    Ev_out_tmp <= Ev_out_tmp;
                end if ;
            end if;
    end process P_countEv;

    Ev_out <= Ev_out_tmp;
    Ev_in_tmp <= Ev_In;

end Behavioral;
```

Simulation

```
LIBRARY ieee;
USE ieee.std_logic_1164.ALL;

ENTITY tb_CountEvent IS
END tb_CountEvent;

ARCHITECTURE behavior OF tb_CountEvent IS

    COMPONENT CountEvent
    PORT(
         Rst : IN  std_logic;
```

```vhdl
            Clk : IN  std_logic;
            En : IN  std_logic;
            Ev_in : IN  std_logic;
            DetSens : IN  std_logic_vector(7 downto 0);
            Ev_out : OUT  std_logic
            );
    END COMPONENT;


    --Entrées
    signal Rst : std_logic := '0';
    signal Clk : std_logic := '0';
    signal En : std_logic := '0';
    signal Ev_in : std_logic := '0';
    signal DetSens : std_logic_vector(7 downto 0) := (others => '0');

      --Sortie
    signal Ev_out : std_logic;

    -- Période d'hologe
    constant Clk_period : time := 10 ns;

BEGIN

    -- Instanciation du composant
    uut: CountEvent PORT MAP (
          Rst => Rst,
          Clk => Clk,
          En => En,
          Ev_in => Ev_in,
          DetSens => DetSens,
          Ev_out => Ev_out
          );

    -- Processus d'horloge
    Clk_process :process
    begin
        Clk <= '0';
        wait for Clk_period/2;
        Clk <= '1';
        wait for Clk_period/2;
    end process;

    DetSens <= x"01";
    Rst <= '0';
    En <= '1';

    -- Processus générateur d'événement
    Ev_in_process :process
    begin
        Ev_in <='1';
        wait for Clk_period;

        Ev_in <='0';
        wait for 3*Clk_period;

        Ev_in <='1';
        wait for 8*Clk_period;

        Ev_in <='0';
        wait for 9*Clk_period;

        Ev_in <='1';
        wait for 15*Clk_period;

        Ev_in <='0';
        wait for 20*Clk_period;
    end process;
END;
```

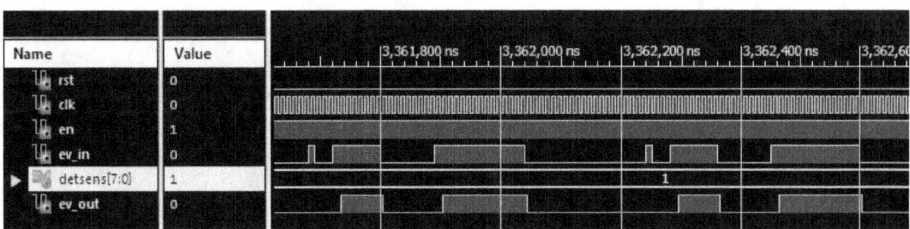

Figure 114 : Sortie Ev_out pour DetSens = 1

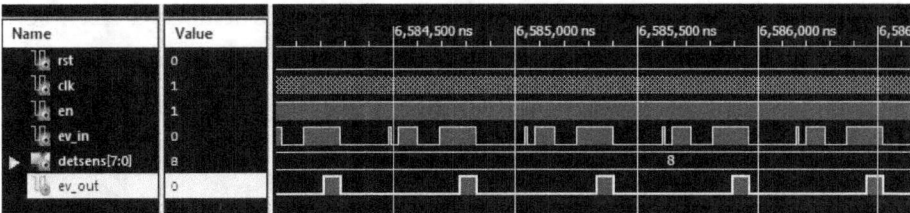

Figure 115 : Sortie Ev_out pour DetSens = 8

Pour une sensibilité égale à 1 (DetSens = 1), la sortie du compteur recopie l'entrée avec une période d'horloge près et le compteur ne détecte pas les durées strictement inférieures à deux coups d'horloge (voir la figure ci-dessus). Dans ce mode d'utilisation, le compteur ne joue aucun rôle, parce que l'objectif, est de réduire la durée des impulsions faibles.

Pour une sensibilité égale à 8, la sortie maintient la valeur uniquement dans le cas ou la durée dépasse 8 coups d'horloge (voir la deuxième figure). Le compteur, est insensible aux impulsions dont la durée est égale à 1 ou 8 périodes d'hologe. Par contre, le compteur est actif pour une durée égale à 15 coups d'horloge (voir le programme de simulation).

Le compteur, a bien « filtré » les impulsions à faible durée. Le circuit, est un filtre de largeur d'impulsion programmable.

3.8.4. Temporisateur programmable

3.8.4.1. Fonctionnement

La notion de temporisation est utilisée dans divers applications en électronique, en particulier dans la domotique. Le circuit est semblable à celui conçue autour du célèbre circuit NE555, monté en monostable (voir le datasheet du composant NE555). Mais en numérique !

Dans notre projet, la temporisation sert à programmer la durée d'allumage d'une LED (ou la durée de déclanchement d'une alarme). Le circuit est déclenché par la détection d'un niveau haut sur l'entrée Start. Le compteur interne ensuite, compte pendant Temp_val coups d'horloge. Pendant la durée du comptage, la sortie Sig_out passe à 1, puis à 0 à la fin du comptage. Le circuit revient à l'état initial et teste à nouveau t'état du signal Start.

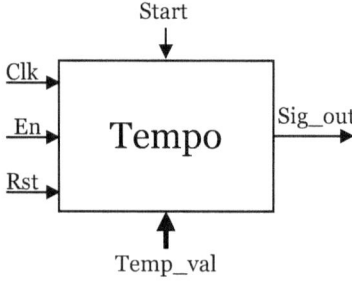

Figure 116 : Entité temporisateur

Une machine de Moore est utilisée pour la mise en oeuvre du temporisateur. Elle a trois états. Ci-dessous, le graphe de transition de la machine :

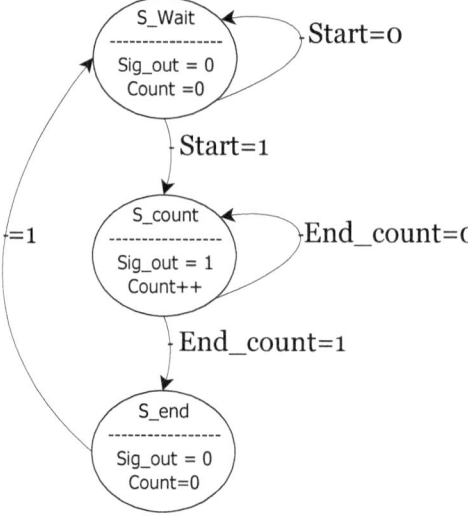

Figure 117 : Machine de Moore de temporisateur

Caractéristiques de la machine :

- Les états : La machine dispose de trois états :
    - ✓ S_wait : état d'attente (début)
    - ✓ S_count : état de comptage
    - ✓ S_end : état final

- Les sorties : La machine engendre deux sorties essentielles :
    - Sig_out : signal de sortie qui caractérise la durée de temporisation
    - Count : Le compteur de la durée de temporisation

- Les entrées : Deux signaux d'entrée
    - Start : signal déclencheur de temporisateur
    - End_cout : Signal externe indiquant l'arrivé du compteur à valeur programmée (Temp_val)

Les sorties sont programmées dans les états et c'est la particularité de la machine de Moore contrairement à la machine de Meally (Les sorties se trouvent au niveau des transitions).

Les transitions : représentent les conditions de passage d'un état à l'autre.

Prenons l'exemple de l'état initial : le système reste dans l'etat S_wait tant que Start ='0'. Lorsque Start='1', la machine transite à l'état suivant (S_cout).

Pendant l'état initial et l'état final (Swait, S_end), le compteur et la sortie sont remis à zéro afin de préparer la prochaine temporisation. Durant l'état S_count, la sortie maintient la valeur '1' durant la période du comptage. En même temps, un autre processus incrémente le compteur à chaque coup d'horloge. Lorsque le compteur arrive à la valeur Temp_val, il remet à 1 le signal End_cout. Ce denier, permet de transiter de l'état S_count à l'état S_end et le cycle recommence.

3.8.4.2. Programme

Comme il est déjà cité dans le chapitre des rappels sur le language VHDL, plusieurs techniques de synthèse en VHDL de la machine sont possibles. Dans la suite de l'ouvrage, on va se focaliser sur la synthèse en deux processus :

- Processus d'état
- Processus de la gestion des transitions et les sorties

Le programme du temporisateur contient trois processus : 2 processus de la machine à état et un processus du compteur.

Note : La notion de l'état présent et l'état futur, sera mise en pratique dans la partie synthèse à travers des projets. Vous serez amené à synthétiser votre propre machine de Moore.

La machine de Moore, est une machine synchrone : le passage d'un état à autre ou le traitement des conditions des transitions se font à l'arrivé d'un front d'horloge. Aucun traitement n'est possible pendant la période d'horloge.

Lorsqu'une condition vaut ='1', la machine passe de l'état présent à l'état futur pendant l'arrivé du front d'horloge sans aucune condition préalable.

Déclaration des états de la machine :

```
type Etat_CnEv is (S_wait, S_count, S_end);
Signal Etat_present_CnEv, Etat_futur_CnEv : Etat_CnEv := S_wait;
```

- Le type Etat_CnEv est constitué de trois états possibles : S_wait, S_count et S'end.
- Etat_present_CnEv, Etat_futur_CnEv sont des signaux de type Etat_CnEv initialisés à l'état initial Swait.

Premier processus : Processus d'état

```
P_Mem_etat_CnEv : process (Rst, En, Clk)
begin
    if Rst = '1' then
    -- Initialisation
        Etat_present_CnEv <= S_wait;
```

```vhdl
            elsif Clk'event and Clk = '1' then
                -- Passage état présent   l'état futur
                if En ='1' then
                    Etat_present_CnEv <= Etat_futur_CnEv;
                else
                    Etat_present_CnEv <= S_wait;
                end if ;
            end if;
    end process P_Mem_etat_CnEv;
```

Pour chaque coup d'horloge, l'état présent prend la valeur de l'état suivant (état futur). C'est un processus de mise à jour du passage d'un état à autre. Le deuxième processus, détermine les conditions de mise à jour de l'état suivant (état futur) en fonction de l'état actuel (état présent).

Deuxième processus : Processus de gestion des transitions et des sorties.

Le processus est basé sur la fonction **case** pour la définition des états. Chaque état, est constitué de deux parties : logiques des sorties et la condition de passage à l'état suivant (voir le programme ci-dessous).

```vhdl
P_Logic_ES_CnEv : process (Start_tmp, Etat_present_CnEv, End_count)
    begin
        case Etat_present_CnEv is
            --wait
            when S_wait =>
                -- Logique des sorties
                Sig_out_tmp <= '0';

                -- Passage de wait ----> S_count
                if  Start_tmp ='1' then
                    Etat_futur_CnEv <= S_count;
                else
                    Etat_futur_CnEv <= S_wait;
                end if ;

            --S_count
            when S_count =>
                -- Logique des sorties
                Sig_out_tmp <= '1';

                -- Passage de S_count ----> S_end
                if  End_count = '1' then
                    Etat_futur_CnEv <= S_end;
                else
                    Etat_futur_CnEv <= S_count;
                end if ;

            --S_end
            when S_end =>
                -- Logique des sorties
                Sig_out_tmp <= '0';

                -- Passage de S_end ----> S_wait
                Etat_futur_CnEv <= S_wait;

            --Autres
            when others =>
                Etat_futur_CnEv <= S_wait;
        end case;
    end process P_Logic_ES_CnEv;
```

Note : On peut avoir plusieurs conditions et chaque condition mène à un état futur différent (voir la figure ci-dessous).

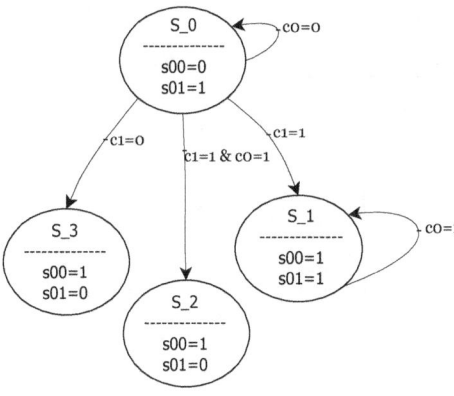

Figure 118 : Machine de Moore et notion de multi-transitions

```
...
--s_0
when s_0 =>
    -- Logique des sorties
    S00 <= '0';
    S01 <= '1';

    -- Passage de s_0----> s_1
    if  c1 ='1' then
        Etat_futur_CnEv <= s_1;

    -- Passage de s_0----> s_1
    elsif  c1 ='1' and c0=1' then
        Etat_futur_CnEv <= S_2;

    -- Passage de s_0----> s_3
    elsif  c1 ='0' then
        Etat_futur_CnEv <= S_3;

    -- Passage de s_0----> s_0
    else
        Etat_futur_CnEv <= S_0;

    end if ;
...
```

Note : La sortie du compteur n'est pas intégrée dans la gestion du processus, mais elle est mise à jour dans le troisième processus (processus du compteur) :

```
P_count : process(Rst, Clk, En )
begin
    if Rst ='1' then
        Count_tmp <= (others =>'0');
    elsif Clk = '1' and Clk'event then
        if En = '1' then
            Count_tmp <= Count_tmp+1;
            if Count_tmp = Temp_val then
                Count_tmp <= (others =>'0');
                End_count <= '1';
            else
                End_count <= '0' ;
            end if ;
        else
            Count_tmp <= Count_tmp;
        end if;
    end if;
end process;
Sig_out <= Sig_out_tmp;
```

Note : Le processus du compteur est important. Il fonctionne pendant l'état S_cout et il permet de générer le signal de fin du comptage. Ce dernier, sert à basculer la machine de l'état de comptage S_count à l'état final (S_end).

3.8.4.3. Programme complet

```vhdl
library IEEE;
use IEEE.STD_LOGIC_1164.ALL;
use ieee.std_logic_unsigned.all;


entity Tempo is
    Port (    Clk : in  STD_LOGIC;
              Rst : in  STD_LOGIC;
              En : in  STD_LOGIC;
              Start : in  STD_LOGIC;
           Temp_val : in  STD_LOGIC_VECTOR (23 downto 0):=(others =>'0');
              Sig_out : out  STD_LOGIC);
end Tempo;

architecture Behavioral of Tempo is

signal Count_tmp : STD_LOGIC_VECTOR (23 downto 0):=(others =>'0');
signal Start_tmp : STD_LOGIC:='0';
signal Sig_out_tmp : STD_LOGIC:='0';
signal End_count : STD_LOGIC:='0';

type Etat_CnEv is (S_wait, S_count, S_end);
Signal Etat_present_CnEv, Etat_futur_CnEv : Etat_CnEv := S_wait;


begin

    -- Processus de mémorisation
    P_Mem_etat_CnEv : process (Rst, En, Clk)
    begin
        if Rst = '1' then
        -- Initialisation
            Etat_present_CnEv <= S_wait;

        elsif Clk'event and Clk = '1' then
            -- Passage état présent  l'état futur
            if En ='1' then
                Etat_present_CnEv <= Etat_futur_CnEv;
            else
                Etat_present_CnEv <= S_wait;
            end if ;
        end if;
    end process P_Mem_etat_CnEv;


    P_Logic_ES_CnEv : process (Start_tmp, Etat_present_CnEv, End_count)
    begin
        case Etat_present_CnEv is

            --wait
            when S_wait =>
                -- Logique des sorties
                Sig_out_tmp <= '0';

                -- Passage de wait ----> S_count
                if  Start_tmp ='1' then
                    Etat_futur_CnEv <= S_count;
                else
                    Etat_futur_CnEv <= S_wait;
                end if ;

            --S_count
            when S_count =>
                -- Logique des sorties
                Sig_out_tmp <= '1';

                -- Passage de S_count ----> S_end
                if  End_count = '1' then
                    Etat_futur_CnEv <= S_end;
                else
                    Etat_futur_CnEv <= S_count;
                end if ;

            --S_end
            when S_end =>
                -- Logique des sorties
                Sig_out_tmp <= '0';

                -- Passage de S_end ----> S_wait
                Etat_futur_CnEv <= S_wait;
```

```vhdl
                    --Autres
                    when others =>
                        Etat_futur_CnEv <= S_wait;
            end case;
    end process P_Logic_ES_CnEv;
    Start_tmp <= Start;

    -- Compteur
    P_count : process(Rst, Clk, En )
    begin
        if Rst ='1' then
            Count_tmp <= (others =>'0');
        elsif Clk = '1' and Clk'event then
            if En = '1' then
                Count_tmp <= Count_tmp+1;
                if Count_tmp = Temp_val then
                    Count_tmp <= (others =>'0');
                    End_count <= '1';
                else
                    End_count <= '0' ;
                end if ;
            else
                Count_tmp <= Count_tmp;
            end if;
        end if;
    end process;
    Sig_out <= Sig_out_tmp;
end Behavioral;
```

Simulation

```vhdl
LIBRARY ieee;
USE ieee.std_logic_1164.ALL;

ENTITY tb_Tempo IS
END tb_Tempo;

ARCHITECTURE behavior OF tb_Tempo IS

    COMPONENT Tempo
    PORT(
        Clk : IN  std_logic;
        Rst : IN  std_logic;
        En : IN  std_logic;
        Start : IN  std_logic;
        Temp_val : IN  std_logic_vector(23 downto 0);
        Sig_out : OUT  std_logic
        );
    END COMPONENT;

    signal Clk : std_logic := '0';
    signal Rst : std_logic := '0';
    signal En : std_logic := '0';
    signal Start : std_logic := '0';
    signal Temp_val : std_logic_vector(23 downto 0) := (others => '0');

    signal Sig_out : std_logic;

    constant Clk_period : time := 10 ns;
BEGIN

    uut: Tempo PORT MAP (
        Clk => Clk,
        Rst => Rst,
        En => En,
        Start => Start,
        Temp_val => Temp_val,
        Sig_out => Sig_out
        );

    Clk_process :process
    begin
        Clk <= '0';
        wait for Clk_period/2;
        Clk <= '1';
        wait for Clk_period/2;
    end process;

    Rst <= '0';
    En <= '1';
    Temp_val <= x"00000A";
```

```
    Start_process :process
    begin
        Start <= '1' ;
        wait for 200*Clk_period;
        Start <= '0';
        wait for 200*Clk_period;
    end process;
END;
```

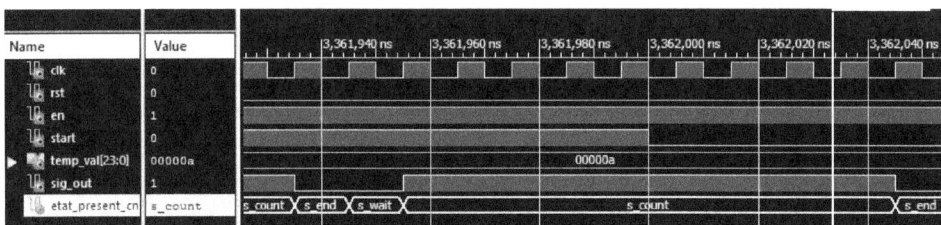

Figure 119 : Sortie Sig_out pour Temp_val = A – Signal Start

La figure ci-dessus, décrit l'evolution de la sorties et les états en fonction du signal Start. La sortie, prend la valeur 0 lorsque Start ='0' et l'état initial est maintenu (S_wait).

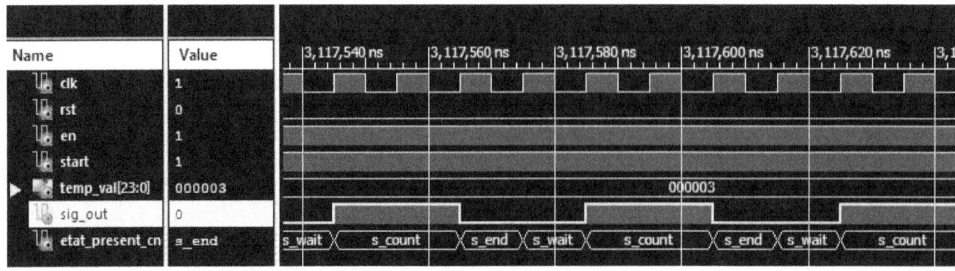

Figure 120 : Sortie Sig_out pour Temp_val = A – Etats de la machine

Pour une valeur de 10 du compteur ('A'), la sortie Sig_out prend la valeur '1' pendant 10 coups d'horloge et reprend ensuite la valeur nulle. La sortie prend la valeur '1' uniquement lorsque l'état présent vaut S_count et nulle dans les autres états (S_end, S_wait) (d'après les chronogrammes).

Figure 121 : Sortie Sig_out pour Temp_val = 3 – Etats de la machine

La sortie Sig_out prend la valeur 1 pendant 3 coups d'horloge qui correspond exactement à la valeur de temporisation.

3.8.5. Projet global

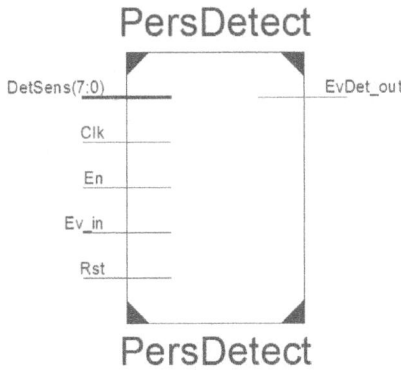

Figure 122 : Entité du détecteur PIR

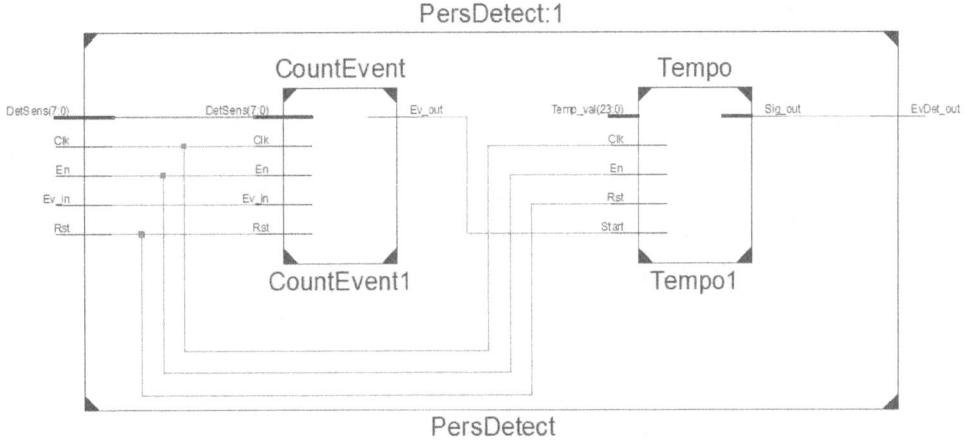

Figure 123 : Schéma interne de détecteur (Instanciation)

Le détecteur des personnes PersDetect, dispose d'une entrée externe pour ajuster la sensibilité (DeSens) sur 8 bits et d'une constante interne de réglage de la valeur de temporisation sur 24 bits (Temp_val). L'intérêt d'utilisation d'une constante sur 24 bits est d'obtenir des périodes de temps largement importantes par rapport à la fréquence de référence de 12 MHz (83.3 ns). Une autre raison de non externalisation de la valeur de temporisation, est sa longueur importante (24 bits) et le manque des interrupteurs dans le kit de développement Elbert V2. En revanche, le signal DetSens sera directement lié au 8 interrupteurs du kit (Switch).

La sortie du compteur d'événement Ev_out, est directement liée au signal Start du temporisateur. Ce dernier, permet de lancer la machine à état et transiter à l'état du comptage.

Note : Les détections pendant la phase du comptage de temporisation, ne seront pas prises en compte et le circuit sera à nouveau sensible au signal Ev_out à la fin de la temporisation (retour à l'état S_wait de la machine à état et l'attente du signal Start).

3.8.5.1. Programme

```
library IEEE;
use IEEE.STD_LOGIC_1164.ALL;

entity PersDetect is
    Port ( Clk : in  STD_LOGIC;
           Rst : in  STD_LOGIC;
           En : in  STD_LOGIC;
           Ev_in : in  STD_LOGIC;
           DetSens : in  std_logic_vector(7 downto 0);
           EvDet_out : out  STD_LOGIC);
end PersDetect;

architecture Behavioral of PersDetect is

COMPONENT Tempo
PORT(
    Clk : IN std_logic;
    Rst : IN std_logic;
    En : IN std_logic;
    Start : IN std_logic;
    Temp_val : IN std_logic_vector(23 downto 0);
    Sig_out : OUT std_logic
    );
END COMPONENT;

constant Temp_val : std_logic_vector(23 downto 0):=x"00000A";

COMPONENT CountEvent
PORT(
    Rst : IN std_logic;
    Clk : IN std_logic;
    En : IN std_logic;
    Ev_in : IN std_logic;
    DetSens : IN std_logic_vector(7 downto 0);
    Ev_out : OUT std_logic
    );
END COMPONENT;

signal Ev_out :  std_logic ;

begin

    CountEvent1: CountEvent PORT MAP(
        Rst => Rst,
        Clk => Clk,
        En => En,
        Ev_in =>Ev_in,
        DetSens => DetSens,
        Ev_out => Ev_out
        );

    Tempo1: Tempo PORT MAP(
        Clk => Clk,
        Rst => Rst,
        En => En,
        Start => Ev_out,
        Temp_val => Temp_val,
        Sig_out => EvDet_out
        );

end Behavioral;
```

3.8.5.2. Simulation

```
LIBRARY ieee;
USE ieee.std_logic_1164.ALL;

ENTITY tb_PersDetect IS
END tb_PersDetect;
```

```vhdl
ARCHITECTURE behavior OF tb_PersDetect IS

    COMPONENT PersDetect
    PORT(
         Clk : IN  std_logic;
         Rst : IN  std_logic;
         En : IN  std_logic;
         Ev_in : IN  std_logic;
         DetSens : IN  std_logic_vector(7 downto 0);
         EvDet_out : OUT  std_logic
        );
    END COMPONENT;

   signal Clk : std_logic := '0';
   signal Rst : std_logic := '0';
   signal En : std_logic := '0';
   signal Ev_in : std_logic := '0';
   signal DetSens : std_logic_vector(7 downto 0) := (others => '0');

   signal EvDet_out : std_logic;

   constant Clk_period : time := 10 ns;
BEGIN

    uut: PersDetect PORT MAP (
          Clk => Clk,
          Rst => Rst,
          En => En,
          Ev_in => Ev_in,
          DetSens => DetSens,
          EvDet_out => EvDet_out
        );

   Clk_process :process
   begin
        Clk <= '0';
        wait for Clk_period/2;
        Clk <= '1';
        wait for Clk_period/2;
   end process;

   Ev_in_process :process
   begin
        Ev_in <= '1';
        wait for 1*Clk_period;

        Ev_in <= '0';
        wait for 20*Clk_period;

        Ev_in <= '1';
        wait for 5*Clk_period;

        Ev_in <= '0';
        wait for 20*Clk_period;

   end process;

  Rst <= '0';
  En <= '1';
  DetSens <= x"03";
END;
```

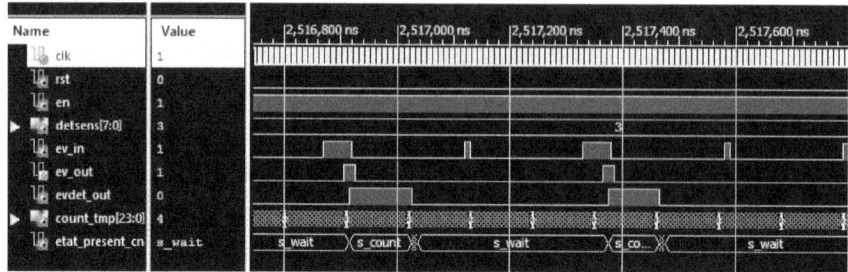

Figure 124 : Sortie temporisée pour une sensibilité de 3, et temporisation de 10

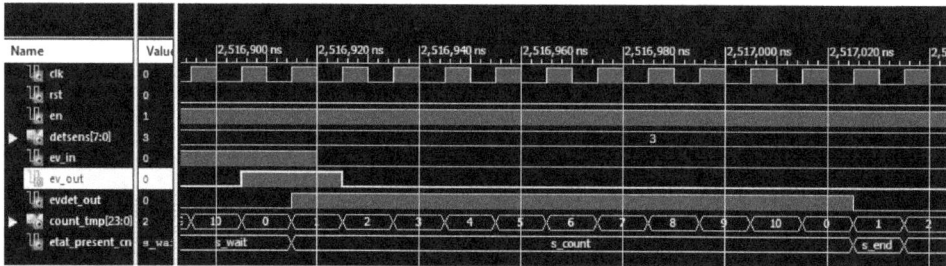

Figure 125 : Sortie temporisée pour une sensibilité de 3, et temporisation de 10 (zoom figure 124)

Les chronogrammes ci-dessus, correspondent au circuit global. La durée de temporisation en coups d'horloge correspond exactement à la valeur de temporisation. La sensibilité est fixée à 3 (détections au delà d'une durée de 4 périodes d'horloge).

3.8.6. Implémentation sur Kit

Le détecteur PIR doit être alimenté en 3.3v. Le kit Elbert V2 dispose de plusieurs sources d'alimentation de 3.3v et une masse. La sortie du détecteur doit être branchée avec l'entrée Ev_in au pin 1 du header P1. La sortie du détecteur, est lisible dans le LED D1. Vous pouvez ajuster la sensibilité du détecteur pour voir l'effet sur la sortie.

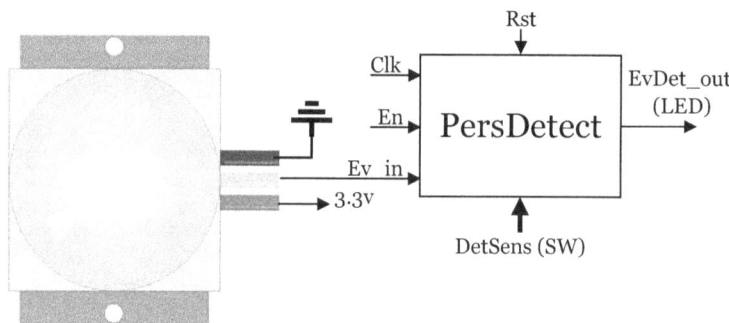

Figure 126 : Câblage du détecteur avec FPGA

Note : C'est recommandé d'utiliser une valeur de temporisation importante et de préférence une valeur supérieure à FFFFF0 afin d'observer l'évolution de la sortie. Le paramètre est accessible manuellement dans le circuit temporisateur.

```
# Alimentation
CONFIG VCCAUX = "3.3" ;

# Horloge 12 MHz
NET "Clk" LOC = P129  | IOSTANDARD = LVCMOS33 | PERIOD = 12MHz;

# LED / Données Sortie
NET "EvDet_out" LOC = P46   | IOSTANDARD = LVCMOS33 | SLEW = SLOW | DRIVE = 12;

# Switches / Direction / Rst
NET "DetSens[0]"        LOC = P70   | PULLUP | IOSTANDARD = LVCMOS33 | SLEW = SLOW | DRIVE = 12;
NET "DetSens[1]"        LOC = P69   | PULLUP | IOSTANDARD = LVCMOS33 | SLEW = SLOW | DRIVE = 12;
NET "DetSens[2]"        LOC = P68   | PULLUP | IOSTANDARD = LVCMOS33 | SLEW = SLOW | DRIVE = 12;
NET "DetSens[3]"        LOC = P64   | PULLUP | IOSTANDARD = LVCMOS33 | SLEW = SLOW | DRIVE = 12;
NET "DetSens[4]"        LOC = P63   | PULLUP | IOSTANDARD = LVCMOS33 | SLEW = SLOW | DRIVE = 12;
NET "DetSens[5]"        LOC = P60   | PULLUP | IOSTANDARD = LVCMOS33 | SLEW = SLOW | DRIVE = 12;
NET "DetSens[6]"        LOC = P59   | PULLUP | IOSTANDARD = LVCMOS33 | SLEW = SLOW | DRIVE = 12;
NET "DetSens[7]"        LOC = P58   | PULLUP | IOSTANDARD = LVCMOS33 | SLEW = SLOW | DRIVE = 12;

# Header P1
NET "Ev_in"         LOC = P31   | IOSTANDARD = LVCMOS33 | SLEW = SLOW | DRIVE = 12;
```

3.9. Commande d'un moteur à courant continu

3.9.1. Introduction

La commande d'un moteur à courant continu est une application type et largement utilisée dans les systèmes motorisés. Dans ce projet, on va étudier d'une façon simple est précise une stratégie de commande de vitesse d'un moteur à courant continu. La méthode est basée sur la variation de la valeur moyenne du signal d'alimentation du moteur à CC en utilisant un signal à modulation de largeur d'impulsion PWM (Pulse Width Modulation). La méthode est utilisable pour divers puissance d'un moteur à CC.

Objectifs du projet :

- Savoir des notions de base d'un moteur à CC;
- Savoir comment générer un signal triangulaire;
- Savoir comment générer un signal PWM;
- Savoir comment varier la vitesse d'un moteur à CC;
- Autres astuces de programmation.

Domaines d'application :

- Robotique ou Drones
- Domotique (ouverture de porte, machine à laver, mixeur …)
- Automobile (voiture électrique, essuie glace, …)
- Applications industrielles divers (système de transmission électromécanique de rotation en translation, tapis roulante, machine du laboratoire de préparation d'échantillon, …)

Pour résumer, les moteurs à CC de petite ou grande puissance, sont utilisés partout dans notre vie quotidienne et ils sont intégrés dans des dispositifs divers avec des degrés de complexité différente. Notez bien que tous les moteurs sont disponibles en différentes tailles et puissances.

Figure 127 : Moteurs à CC Grande puissance

Figure 128 : Moteurs à CC petite puissance

3.9.2. Fonctionnement d'un moteur à CC

Tous les moteurs électriques sont basés sur le principe physique du couplage magnétique entre deux champs magnétiques. La transformation de l'énergie électrique en énergie mécanique s'opère à travers ce couplage magnétique ou interaction magnétique. De ce principe, il découle que tout moteur comporte deux circuits magnétiques, appelés stator (partie fixe) et rotor (partie mobile).

Dans le cas du moteur à courant continu, le stator, aussi appelé inducteur, crée un champ magnétique B_s. Le rotor, aussi appelé induit, est alimenté par un courant continu (d'où la notation du moteur). Les conducteurs du rotor traversés par le courant sont immergés dans le champ Bs, or le physicien Laplace a découvert que le conducteur est soumis à une force $F=B_s{\wedge}I$ ($\wedge$ = produit vectoriel entre les deux vecteurs). C'est cette force qui va faire tourner le rotor et créer le couple moteur. La constitution technologique du moteur matérialise ce principe de fonctionnement.

Le stator est constitué de la carcasse du moteur et du circuit magnétique proprement dit. Un circuit magnétique est constitué d'une structure ferromagnétique qui canalise le flux magnétique créé par une source de champ magnétique (aimant permanent ou électroaimant).

Le circuit magnétique du stator crée le champ magnétique appelé « champ inducteur » (B_s). L'inducteur magnétise le moteur en créant un flux magnétique (Φ) dans l'entrefer. Ce dernier, est l'espace entre les pôles du stator et le rotor et le flux magnétique est maximal au niveau des pôles magnétiques.

En pratique, les moteurs à CC sont utilisés pour actionner un organe dans le système. Dans le cas d'un robot par exemple : les roues, les jambes, les pistes, les bras, les doigts, les tourelles de capteurs. Dans un moteur à CC, l'application de puissance électrique entraîne l'arbre à tourner continuellement et elle s'arrête à l'absence d'alimentation.

Note : Un servomoteur est un moteur à CC intégrant un circuit électronique intelligent de contrôle des pas. Les moteurs pas à pas (Stepper), font également partis de la catégorie des moteurs à CC. La mise sous tension, permet à l'arbre de tourner de quelques degrés, puis de s'arrêter.

Sans trop tarder dans les détails de fonctionnement, la section suivante, sera dédiée à l'analyse et l'implémentation de la commande PWM sur FPGA.

3.9.3. Notion de variation de vitesse

En résumé, la variation de vitesse d'un moteur à courant continu, s'opère par la variation de la tension d'alimentation. Il existe des systèmes à base du pont diviseur pour varier la tension d'alimentation (pour des moteurs de petite puissance). L'inconvénient de la méthode, est les pertes joules aux bornes du pont diviseur.

Avant d'entamer la stratégie PWM, on va calculer la valeur moyenne d'un signal logique qui transite entre deux états avec un rapport cyclique paramétré par le paramètre α :

Par définition, la valeur moyenne Vmoy d'un signal s(t) est l'intégration du signal dans une période T divisé par la période :

$$Vmoy = \frac{1}{T}\int_0^T s(t).dt$$

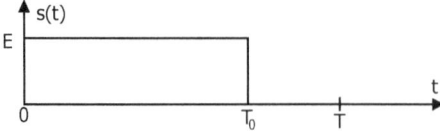

Allure du signal s(t)

$$Vmoy = \frac{1}{T}\int_0^T s(t).dt = \frac{1}{T}\int_0^{T0} E.dt + \frac{1}{T}\int_{T0}^{T0} 0.dt$$

$$Vmoy = \frac{1}{T}\int_0^{T0} E.dt = \frac{T0}{T}E$$

On suppose T0 = αT, avec 0<α<1. La période T0 présente la durée de la mise sous tension du moteur durant la période T. D'où :

$$Vmoy = \frac{\alpha T}{T}E = \alpha E$$

La valeur moyenne $Vmoy = \alpha E$, varie entre 0 (α = 0) et E (α = 1). La vitesse de rotation du moteur et propotionnelle à la valeur moyenne Vmoy, donc au paramétre α.

- α = 0 : Moteur en arret (vitesse nullee)
- α = 1 : Moteur en pleine puissance (vitesse maximale)

La strétegie PWM ou MLI (Modulation de Largeur d'Impusion), est basée sur le changement du paramétre α et on parle souvent du rapport cyclique. La suite du projet, sera consacrée à la conception d'un composant numérique qui permet de vaier le rapport cyclique α du signal, donc la vitesse de rotation du moteur.

3.9.4. Principe du générateur PWM

Figure 129 : Principe de generation d'un signal PWM

On considère un signal triangulaire s_in(t) code sur 8 bits, non signé et compris entre 0 à 255. On définit une variable fixe qui représente un seuil s_seuil(t), codée sur 8 bits et qui peut prendre une valeur parmi les 256 valeurs. Les figures ci-dessous, montrent la sortie du comparateur s_out(t) pour les différentes valeurs de seuil.

- Graphe 1 : Seuil = 255
- Graphe 2 : Seuil = 200
- Graphe 3 : Seuil = 64
- Graphe 4 : Seuil = 0

On constate que la largeur d'impulsion est minimale pour un seuil de 255 (les conditions du compateur : « ≥ seuil » au lieu de « > seuil »). La largeur d'impulsion, augmente linéairement pour un seuil décroissant. Pour augmenter la vitesse du moteur, il faut baisser le seuil de déclemenchement (Les deux paramètres sont inversement proportionnelles).

Note : Le même principe, est utilisé en électronique analogique, basé sur les amplificateurs opérationnels (minimum deux amplifcateurs avec un pont diviseur de tension pour le seuil). Il est faisable également, en prenant le circuit NE555 avec des potentiomètres pour le réglage du rapport cyclique (le seuil).

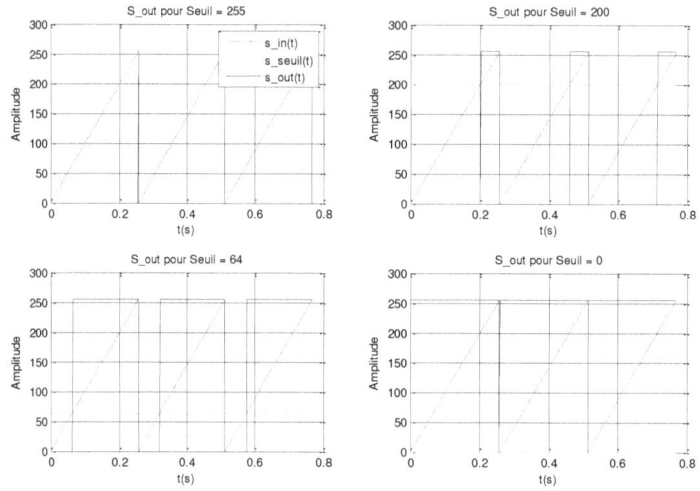

Figure 130 : Signaux d'entrée et sortie en fonction du seuil

3.9.5. Synthèse en VHDL

La synthèse du générateur PWM en VHDL est relativement simple. Le circuit contient trois fonctions de base :

- Générateur du signal triangulaire ;
- Comparateur numérique ;
- Générateur d'horloge programmable.

3.9.5.1. Générateur du signal triangulaire

Fonctionnement :

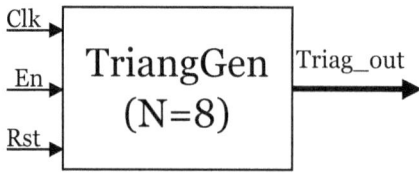

Figure 131 : Entité du Générateur du signal triangulaire

Le générateur du signal triangulaire, est un compteur binaire sur N bits. Le compteur fonctionne avec une fréquence de référence F_{Clk}. La sortie est incrémentée d'un pas de 1 à chaque coup d'horloge. La période du signal de sortie dépend de la résolution binaire du compteur et de la fréquence de référence. Pour une horloge de 12 MHz (horloge interne du kit de développement) et une résolution de 8 bits, la période T vaut :

$$T = 2^N * T_{clk}$$

$$T = 256 . \frac{1}{12.10^6} = 21.33 \mu s$$

Donc, la fréquence F est égal à 46.875 KHz (1/T = 1/21.33µs = 46.875 KHZ)

Il est recommandé d'utiliser une fréquence importante de commande. On distingue deux phases de fonctionnement :

- 1- Pendant la phase d'excitation (0 - αT), le courant est minimale (Imin) au début de l'impulsion (t=0). Puis, il croît linéairement avec le temps, jusqu'à l'atteinte de la valeur maximale (Imax) à la fin de la durée d'impulsion (t= αT) ;
- 2- Dans la phase d'absence d'impulsion (αT – T), le courant décroit linéairement jusqu'à l'arrivé à la valeur minimale (Imin) au début du cycle suivant (t=T).

Figure 132 : Evolution du courant aux bornes du moteur (T0 = αT)

Pour avoir un fonctionnement stable, la valeur Imin, doit être non nulle et plus proche de la valeur Imax dans le cas idéal. Le temps de montée et de descente du courant aux bornes du moteur, sont directement liés à la fréquence de commande. Lorsque la fréquence augmente, la période diminue. Par conséquant, Imin s'approche d'Imax (Imin est non nulle dans ce cas).

Si la fréquence 1/T est suffisamment grande, la variation du courant sur une période est petite et le courant i(t) peut être considéré constant (donc le couple est constant). Une diminution du rapport cyclique, se traduit par une diminution du courant moyen dans le moteur et donc, une diminution du couple moyen. Les petites variations de i(t), se traduisent par des variations de couple qui entraînent des vibrations de l'axe du moteur. La plupart du temps, ces vibrations sont intégrées par la mécanique accouplée à l'axe du moteur.

Note : Il est intéressant d'avoir une fréquence importante, mais il faut faire attention à la partie puissance et ses limitations en fréquence (hacheur). Si la fréquence du PWM dépasse la fréquence autorisée par la partie puissance, les transistors risque d'être saturés tout le temps. Cette situation, induit un fonctionnement en plein régime du moteur quelque soit le rapport cyclique (sauf la valeur nulle).

Dans la suite du projet, on va intégrer le circuit générateur de fréquence programmable, afin d'avoir plus de flexibilité sur la fréquence.

3.9.5.2. Programme

```vhdl
library IEEE;
use IEEE.STD_LOGIC_1164.ALL;
use ieee.std_logic_unsigned.all;


entity TriangGen is
    Generic ( N : positive := 8
             );
    Port ( Rst : in  STD_LOGIC;
           En : in  STD_LOGIC;
           Clk : in  STD_LOGIC;
           Triag_out : out  STD_LOGIC_VECTOR (N-1 downto 0));
end TriangGen;

architecture Behavioral of TriangGen is

signal TriagG_tmp :   STD_LOGIC_VECTOR (N-1 downto 0):= (others =>'0');

begin
    P_TriagG : process(Rst, Clk, En )
    begin
        if Clk = '1' and Clk'event then
            if Rst ='1' then
                TriagG_tmp <= (others =>'0');
            else
                if En = '1' then
                    TriagG_tmp <= TriagG_tmp+1;
                else
                    TriagG_tmp <= TriagG_tmp;
                end if;
            end if;
        end if;
    end process P_TriagG;
    Triag_out <= TriagG_tmp;

end Behavioral;
```

3.9.6. Synthèse du projet complet

3.9.6.1. Fonctionnement

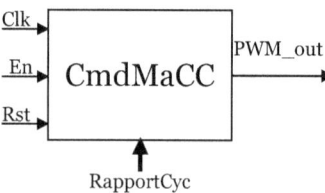

Figure 133 : Entité contrôleur de la vitesse du moteur à CC

Le signal RapportCyc contient la valeur du seuil et il est codé sur 8 bits. Il est directement lié à l'entrée négative du comparateur numérique ComparN.

Le générateur du signal triangulaire TriangGen ainsi que le comparateur, sont alimentés par l'horloge Clk_out. Cette dernière, est générée par le générateur d'horloge ClkGen étudié précédemment et il permet de créer une horloge plus longue par rapport à l'horloge de référence (12 MHz). Le générateur nous permettra d'avoir un levier sur la fréquence, donc sur la vitesse de rotation du moteur.

La sortie du comparateur D_out_cmp est liée à la sortie PWM_out de l'entité du contrôleur de vitesse.

Dans la phase de réalisation, cette sortie sera câblée avec le circuit de puissance du moteur. C'est grâce à cette sortie unique, qu'on peut varier la vitesse de rotation du moteur en fonction du rapport cyclique.

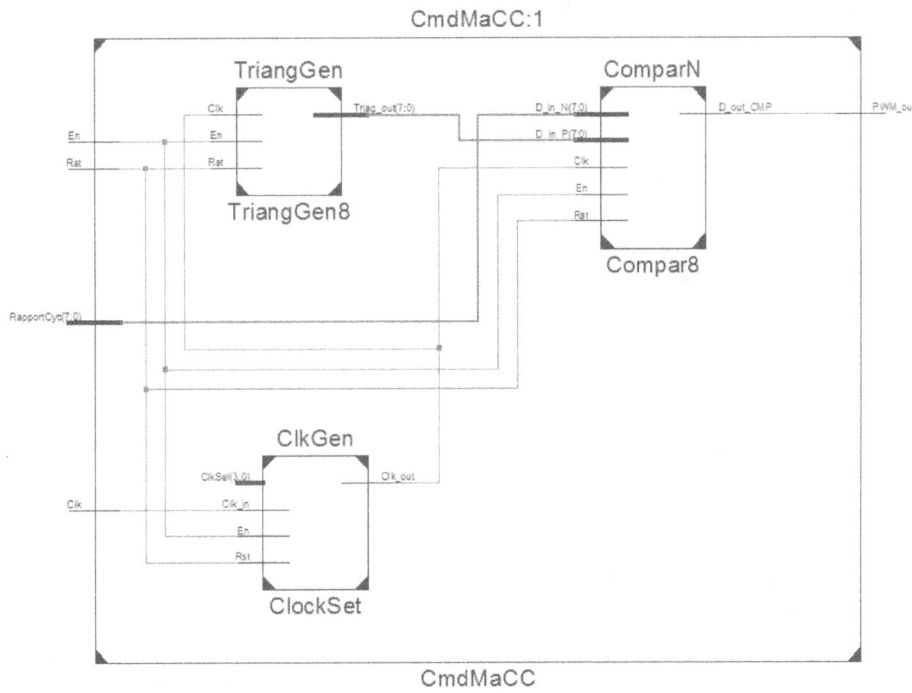

Figure 134 : Description interne de l'entité (comparateur, générateur d'horloge et générateur triangulaire)

3.9.6.2. Programme de comparateur

```
library IEEE;
use IEEE.STD_LOGIC_1164.ALL;


entity ComparN is
    Generic ( N : positive := 8
            );
    Port ( Rst : in  STD_LOGIC;
           En : in  STD_LOGIC;
           Clk : in  STD_LOGIC;
           D_in_P : in  STD_LOGIC_VECTOR (N-1 downto 0);
           D_in_N : in  STD_LOGIC_VECTOR (N-1 downto 0);
           D_out_CMP : out  STD_LOGIC);
end ComparN;

architecture Behavioral of ComparN is

signal D_out_CMP_tmp :   STD_LOGIC :='0';

begin
    P_cmp : process(Rst, Clk, En )
    begin
        if Clk = '1' and Clk'event then
            if Rst ='1' then
```

```
                            D_out_CMP_tmp <= '0';
                else
                    if En = '1' then
                        if D_in_P > D_in_N then
                            D_out_CMP_tmp <= '1';
                        else
                            D_out_CMP_tmp <= '0';
                        end if;
                    else
                        D_out_CMP_tmp <= D_out_CMP_tmp;
                    end if;
                end if;
            end if;
    end process P_cmp;
    D_out_CMP <= D_out_CMP_tmp;
end Behavioral;
```

3.9.6.3. Programme de générateur d'horloge

```
library ieee;
use ieee.std_logic_1164.all;
use ieee.std_logic_unsigned.all;

entity ClkGen is
    Port (    Clk_in : in  STD_LOGIC;
           Rst : in  STD_LOGIC;
           En : in  STD_LOGIC;
           ClkSel : in  STD_LOGIC_VECTOR (3 downto 0);
           Clk_out : out  STD_LOGIC);
end ClkGen;

architecture Behavioral of ClkGen is

signal ClkSel_tmp :  STD_LOGIC_VECTOR (3 downto 0):=(others =>'0');
signal Clk_out_tmp :   STD_LOGIC:='0';
signal Count_tmp : STD_LOGIC_VECTOR (24 downto 0):=(others =>'0');

begin
    P_ClkOut : process(Rst, Clk_in, En, ClkSel_tmp )
    begin
        if Clk_in = '1' and Clk_in'event then
            if Rst ='1' then
                Clk_out_tmp <= '0';
            else
                if En = '1' then

                    -- Décodeur BCD to 7 Segments
                    case ClkSel_tmp is

                        when x"0" => Clk_out_tmp <= Count_tmp(19);
                        when x"1" => Clk_out_tmp <= Count_tmp(19);
                        when x"2" => Clk_out_tmp <= Count_tmp(18);
                        when x"3" => Clk_out_tmp <= Count_tmp(17);
                        when x"4" => Clk_out_tmp <= Count_tmp(16);
                        when x"5" => Clk_out_tmp <= Count_tmp(15);
                        when x"6" => Clk_out_tmp <= Count_tmp(14);
                        when x"7" => Clk_out_tmp <= Count_tmp(13);
                        when x"8" => Clk_out_tmp <= Count_tmp(12);
                        when x"9" => Clk_out_tmp <= Count_tmp(11);
                        when x"A" => Clk_out_tmp <= Count_tmp(10);
                        when x"B" => Clk_out_tmp <= Count_tmp(9);
                        when x"C" => Clk_out_tmp <= Count_tmp(8);
                        when x"D" => Clk_out_tmp <= Count_tmp(7);
                        when x"E" => Clk_out_tmp <= Count_tmp(6);
                        when x"F" => Clk_out_tmp <= Count_tmp(5);

                        when others => Clk_out_tmp <= Count_tmp(0);
                    end case ;
                else
                    Clk_out_tmp <= Clk_out_tmp;
                end if;
            end if;
        end if;
    end process;
    Clk_out <= Clk_out_tmp;
    ClkSel_tmp <= ClkSel;

    P_count : process(Rst, Clk_in, En )
    begin
        if Clk_in = '1' and Clk_in'event then
            if Rst ='1' then
                Count_tmp <= (others =>'0');
```

```
                        else
                            if En = '1' then
                                Count_tmp <= Count_tmp+1;
                            else
                                Count_tmp <= Count_tmp;
                            end if;
                    end if;
            end if;
       end process;
end Behavioral;
```

3.9.6.4. Programme principale et instanciation des composants

```
library IEEE;
use IEEE.STD_LOGIC_1164.ALL;

entity CmdMaCC is
    Port ( Rst : in  STD_LOGIC;
           Clk : in  STD_LOGIC;
           En : in  STD_LOGIC;
           RapportCyc : in  STD_LOGIC_VECTOR (7 downto 0);
           PWM_out : out  STD_LOGIC);
end CmdMaCC;

architecture Behavioral of CmdMaCC is

COMPONENT ComparN
PORT(
    Rst : IN std_logic;
    En : IN std_logic;
    Clk : IN std_logic;
    D_in_P : IN std_logic_vector(7 downto 0);
    D_in_N : IN std_logic_vector(7 downto 0);
    D_out_CMP : OUT std_logic
    );
END COMPONENT;


COMPONENT ClkGen
PORT(
    Clk_in : IN std_logic;
    Rst : IN std_logic;
    En : IN std_logic;
    ClkSel : IN std_logic_vector(3 downto 0);
    Clk_out : OUT std_logic
    );
END COMPONENT;
constant ClkSel    : std_logic_vector(3 downto 0):=x"B"; --6
signal    Clk_out :  std_logic:='0';


COMPONENT TriangGen
PORT(
    Rst : IN std_logic;
    En : IN std_logic;
    Clk : IN std_logic;
    Triag_out : OUT std_logic_vector(7 downto 0)
    );
END COMPONENT;

signal Triag_out :  std_logic_vector(7 downto 0):= (others =>'0');

begin

    ClockSet: ClkGen PORT MAP(
        Clk_in => Clk,
        Rst => Rst,
        En => En,
        ClkSel => ClkSel,
        Clk_out => Clk_out
    );

    TriangGen8: TriangGen PORT MAP(
        Rst => Rst,
        En => En,
        Clk => Clk_out ,
        Triag_out => Triag_out
    );

    Compar8: ComparN PORT MAP(
```

```
            Rst => Rst,
            En => En,
            Clk => Clk_out,
            D_in_P => Triag_out,
            D_in_N => RapportCyc,
            D_out_CMP =>PWM_out
        );


end Behavioral;
```

3.9.6.5. Simulation

```
LIBRARY ieee;
USE ieee.std_logic_1164.ALL;

ENTITY tb_CmdMaCC IS
END tb_CmdMaCC;

ARCHITECTURE behavior OF tb_CmdMaCC IS

    COMPONENT CmdMaCC
    PORT(
         Rst : IN  std_logic;
         Clk : IN  std_logic;
         En : IN  std_logic;
         RapportCyc : IN  std_logic_vector(7 downto 0);
         PWM_out : OUT  std_logic
        );
    END COMPONENT;


   -- Entrées
   signal Rst : std_logic := '0';
   signal Clk : std_logic := '0';
   signal En : std_logic := '0';
   signal RapportCyc : std_logic_vector(7 downto 0) := (others => '0');

     -- Sorties
   signal PWM_out : std_logic;

   -- période
   constant Clk_period : time := 10 ns;
BEGIN

    uut: CmdMaCC PORT MAP (
          Rst => Rst,
          Clk => Clk,
          En => En,
          RapportCyc => RapportCyc,
          PWM_out => PWM_out
          );

   Clk_process :process
   begin
        Clk <= '0';
        wait for Clk_period/2;
        Clk <= '1';
        wait for Clk_period/2;
   end process;

   Rst <= '0';
   En <= '1';

   RapportCyc <= x"C8"; -- 200
-- RapportCyc <= x"40"; -- 64
-- RapportCyc <= x"00"; -- 0
END;
```

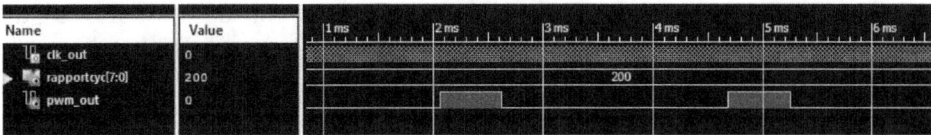

Figure 135 : Sortie PWM pour un rapport cyclique de 200

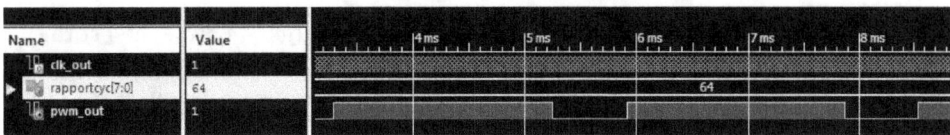

Figure 136 : Sortie PWM pour un rapport cyclique de 64

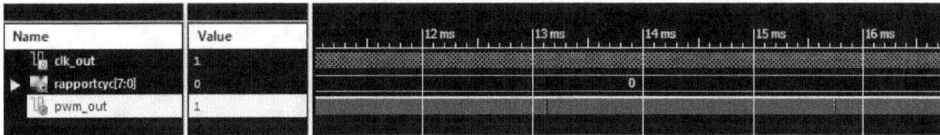

Figure 137 : Sortie PWM pour un rapport cyclique de 0

Si le rapport cyclique est décroissant, la durée d'impulsion dans une période augmente. Les résultats de la simulation du circuit obtenue sont identiques aux simulations théoriques illustrées au début du projet (voir la figure 130). La dernière section, sera dédiée à la partie implémentation sur le kit.

3.9.7. Implimentation sur le kit

Le rapport cyclique, est câblé avec le Switch via 6 signaux (6 interrupteurs). Les deux autres interrupteurs du Switch, sont reliés avec les signaux En et Rst. La sortie du modulateur PWM est branchée avec le pin 1 du Header P1 du kit.

Note : Les bits du poids faible du rapport cyclique (RapportCyc (0 et 1)) sont affectés à des pins aléatoires du circuit FPGA après synthèse. Le choix, est dû au manque des interrupteurs dans le Switch. Les pins du poids faible ont un effet négligeable sur la vitesse, d'où le choix de ne pas les affecter sur le kit. Par défaut, les deux pins sont mis à zéro.

Remarque : Nous pouvons branchez les deux entrées du poids faible du signal RapportCyc avec deux boutons poussoirs dans le kit. Attention, il faut inverser la logique de deux pins avant leurs affectations, puisque les entrées des boutons-poussoirs sont activées niveau bas.

Le kit FPGA ne peut pas alimenter le moteur à courant continue. La liaison directe entre FPGA et le moteur DC via la sortie PWM peut endommage le port en question du FPGA. Le moteur à DC demande plus du courant, en particulier au démarrage. Le courant au démarrage, peut atteindre 6 fois le courant nominal. Pour ses raisons, on réutilise le driver du courant illustré dans le projet de la commande du moteur pas à pas. La sortie 1 du Header P1 et relier avec l'entrée IN1 du driver. La sortie A du driver est ensuite branché à l'entré (+)

du moteur. La sortie de référence du driver (Dernière sorties à côté de la sortie D) est reliée à l'entrée (-) du moteur.

Note : Si l'entrée (-) du moteur est reliée à la masse à la place de l'entrée de référence du driver, le moteur risque de ne pas tourner. Il est indispensable que le moteur soit bien branché entre la sortie A et la sortie Ref du driver.

Rappel : Le driver utilisé peut supporter 4 moteurs indépendants (4 entrées et 4 sorties) avec une seule sortie de référence. Le driver supporte un courant d'environ 500 mA. Donc, ce n'est pas utilisable pour des moteur qui demandent au delà de 500 mA.

Figure 138 : Schéma pinout du contrôleur avec FPGA

Figure 139 : Schéma global l de la commande d'un moteur à CC

```
Schéma global de la commande d'un moteur à CC # Alimentation
CONFIG VCCAUX = "3.3" ;

# Horloge 12 MHz
NET "Clk" LOC = P129  | IOSTANDARD = LVCMOS33 | PERIOD = 12MHz;

# Switches / Direction / Rst
NET "Rst"              LOC = P70   | PULLUP | IOSTANDARD = LVCMOS33 | SLEW = SLOW | DRIVE = 12;
NET "En"               LOC = P69   | PULLUP | IOSTANDARD = LVCMOS33 | SLEW = SLOW | DRIVE = 12;
NET "RapportCyc[2]"         LOC = P68   | PULLUP | IOSTANDARD = LVCMOS33 | SLEW = SLOW |
DRIVE = 12;
NET "RapportCyc[3]"         LOC = P64   | PULLUP | IOSTANDARD = LVCMOS33 | SLEW = SLOW |
DRIVE = 12;
NET "RapportCyc[4]"         LOC = P63   | PULLUP | IOSTANDARD = LVCMOS33 | SLEW = SLOW |
DRIVE = 12;
NET "RapportCyc[5]"         LOC = P60   | PULLUP | IOSTANDARD = LVCMOS33 | SLEW = SLOW |
DRIVE = 12;
NET "RapportCyc[6]"         LOC = P59   | PULLUP | IOSTANDARD = LVCMOS33 | SLEW = SLOW |
DRIVE = 12;
NET "RapportCyc[7]"         LOC = P58   | PULLUP | IOSTANDARD = LVCMOS33 | SLEW = SLOW |
DRIVE = 12;

# P1
NET "PWM_out"          LOC = P31   | IOSTANDARD = LVCMOS33 | SLEW = SLOW | DRIVE = 12;
```

3.10. Générateur d'effet d'écho (Effet audio)

3.10.1. Introduction

Le projet s'inscrit dans le Traitement Numérique du Signal TNS ou DSP (Digital Signal Processing).

Domaines d'applications

- Codage, reconnaissance et restauration de la parole;
- Cryptage;
- Mixage et édition;
- Suppression de bruit;
- **Effets audio**;
- Compression/Codage d'image;
- Traitement d'image;
- Imagerie (radar, sonar);
- Cryptographie;
- Systèmes d'armes;
- Systèmes de surveillance;
- Instrumentation;
- …etc

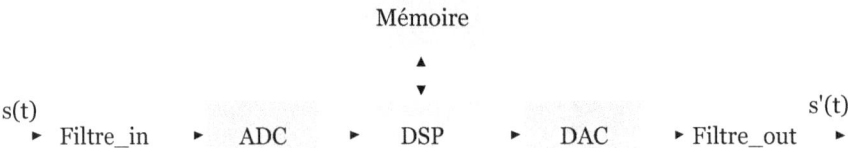

Figure 140 : Chaine d'acquisition et traitement d'un système de traitement numérique du signal

Un système de TNS (voir figure ci-dessus), contient les blocs suivants :
- **Filtre_in** : Filtre d'entrée passe bas et il est souvent utilisé avant la numérisation du signal. Il permet de filtrer les fréquences hors la bande utile (filtre anti-repliement). Par exemple, en traitement de la parole, la bande passante du filtre est d'environ 22 KHz.
- **ADC** : Convertisseur analogique numérique (Digital-to-Analog Converter) et on l'appelle aussi un numériseur. Il convertit un signal analogique en un signal numérique et il est caractérisé par :
    - ✓ Sa résolution binaire (Taille de bus de données, Ex : 8, 12, 16, 24 bits) ;
    - ✓ La fréquence maximale du signal d'entrée F_{in} ;
    - ✓ La fréquence d'échantillonnage maximale Fs ;
    - ✓ Le pas de quantification q ;
    - ✓ …etc

- **DAC** : Convertisseur numérique analogique (Digital-to-Analog Converter). C'est le circuit qui permet de convertir un signal numérique issu d'une plateforme numérique (FPGA, DSP,...) en un signal analogique.
- **Filtre_out** : Filtre de lissage du signal de sortie de type passe bas et il est souvent relié au circuit DAC. Le rôle du filtre, est de supprimer les transitions HF (Haute Fréquence) du signal (restitution de la bande utile du signal)

Remarque:
- En traitement audio, les circuits ADC et DAC, sont regroupés dans un composant appelé le **Codec**. Par exemple, le circuit TLC320AD77C, est un Codec Stéréo (deux canaux : droite et gauche) d'une résolution de 24 bits avec une fréquence d'échantillonnage de 96 KHz,
- La fréquence d'échantillonnage Fs doit être supérieure ou égale au double de la bande analogique (fréquence maximale du signal d'entrée) suivant le théorème de Shannon. Si le signal est inférieur à 2 **Fin** (Fs < 2F_{in}), la restitution du signal ne sera peut être pas possible.

Fréquence (KHz)	Résolution (bits)	Mono (ko)	Stéréo (Mo)
11,025	8	660	1,3
	16	1300	2,6
22,05	8	1300	2,6
	16	2600	5,3
44,1	8	2600	5,3
	16	5300	10,6
48	16	5800	11,5
	24	8600	17,3

Figure 141 : Capacité d'une minute d'enregistrement

Exemples des qualités audio :

- Qualité haute MP3   : 196 à 320 kb/s
- Qualité CD   : 16 bits - 44,1 kHz
- Qualité haute-résolution : FLAC, WAV :   24 bits – 44, 48, 88, 96, 192 kHz 96 ou 192 kHz

1) Analyse de fonctionnement

Le générateur d'effet écho (voir la figure 142) est un composant numérique basé sur le principe de mixage d'un échantillon présent avec un échantillon retardé. L'effet peut varier entre l'écho et l'ambiance en fonction du retard :

- Effet ambiance : retard entre 50 et 100 ms
- Effet écho : retard > 100 ms

```
s_in(n) ──▶ Z^-M ──▶ A ──▶ + ──▶ s_out(n)
                            ▲
```

Figure 142 : Schéma bloc d'un générateur d'écho

- A : Atténuation du signal (0< A<1°)
- Z^{-M} : Mémoire tampon de taille M

Note : Plus l'atténuation A (coefficient de réinjection) est proche de 1, plus l'atténuation de l'écho est progressive et plus l'effet dure longtemps.

L'équation de transfert H(Z) du générateur d'écho, est définie par l'équation suivante :

$$S\_out(n) = s\_in(n) + A.s\_in(n-M)$$
$$S\_out(Z) = s\_in(Z) + A.s\_in(Z)Z^{-M}$$
$$S\_out(Z) = s\_in(Z)(1 + A.Z^{-M})$$

$$S\_out(Z) / s\_in(Z) = H(Z°) = 1 + A.Z^{-M}$$

Note : En pratique, le retard est le temps mis par un signal pour se propager dans un espace ouvert. Le générateur d'écho, est un composant qui permet de simuler la réflexion d'un son dans une pièce.

La mise en œuvre du retard, est assurée par une mémoire de taille M. Les échantillons de la mémoire subissent un décalage d'une case à chaque coup d'horloge. La mémoire est de type FIFO (Le premier échantillon entrant est le premier sortant). En résumé, le retard global entre le premier est le dernier échantillon de la mémoire vaut M/Fs (M est la taille de la mémoire).

Exemple :

Pour M = 1024, Fs=44.1 KHz, Retard = 1024/44100 = 23,2ms

3.10.2. Synthèse en VHDL

```
D_in   ──N─▶
Clk    ────▶  EchoEffet  ──N─▶ D_delay_out
En     ────▶     (N)
Rst    ────▶
```

Figure 143 : Entité du générateur d'écho

Entrée :

- D_delay_out : entrée sur 16 bits du signal audio de l'entrée (s_in)
- En : entrée d'activation
- Rst : entrée de réinitialisation synchrone

Sortie :

- D_out : sortie sur 16 bits du signal de sortie (s_out)

3.10.2.1. Comment Ajouter un IP de Xilinx

CORE Generator IP dispose de divers composants testés et validés par le constructeur Xilinx. Un IP, est un circuit numérique créé par le constructeur. Il est testé et menu d'un document regroupant le mode de fonctionnement et les caractéristiques techniques.

L'outil Xilinx ISE contient des dizaines voir des centaines des IP dans divers domaines d'application :

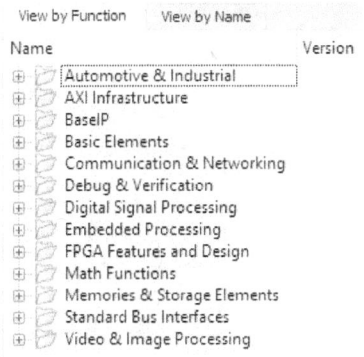

Figure 144 : Aperçu de la fenêtre des IP de Xilinx

3.10.2.2. Etapes d'ajout d'un IP existant

Etape 1 : Clic droit sur le projet, et ensuite sur « new source »

Projets FPGA pour les Électroniciens

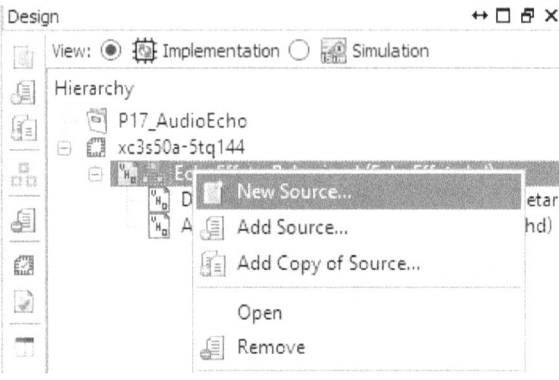

Etape 2 :

- Sélectionnez l'IP (Core Generator & Architecture Wisard) **(2.1)**
- Précisez un nom (nom de l'entité) **(2.2)**
- Précisez la location (de préférence dans le dossier projet) **(2.3)**
- Cliquez sur Next **(2.4)**

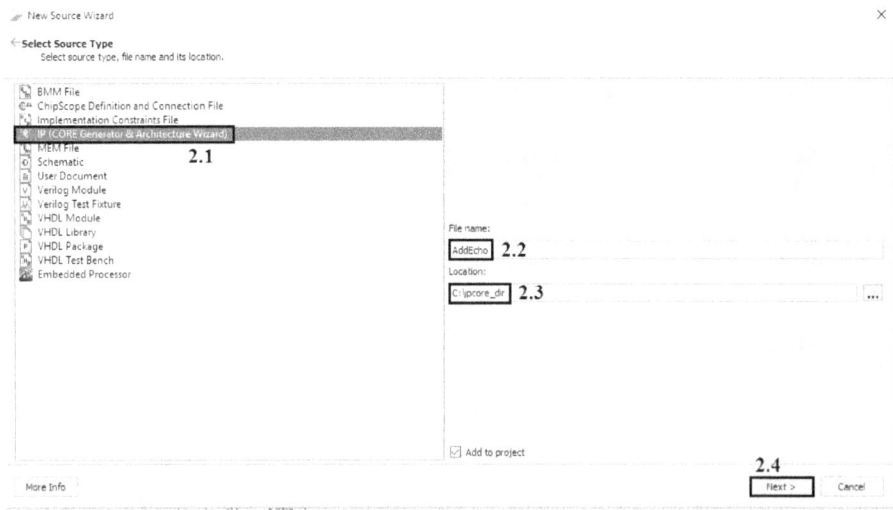

Etape 3 :

→ Cliquez sur Math Functions
→ Cliquez sur Adders Substractors
→ Sélectionnez Adder substractor **(3.1)**
→ Cliquez sur « Next » **(3.2)**

Etape 4 : Cliquez sur Finish

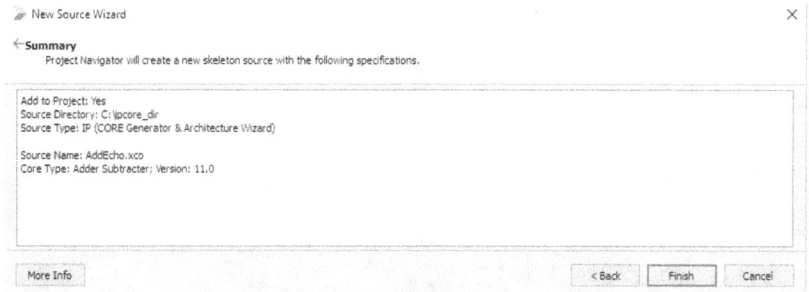

Etape 5 : Après quelques secondes, une fenêtre s'affiche :

A gauche, vous avez l'entité du composant final et à droite, l'ensemble des paramètres du composant :

- Type de données d'entrée (signée ou non signé);
- Taille de bus;
- Type (additionneur, soustracteur ou mixte);

Vous pouvez appuyer sur DataSheet en bas de la fenêtre pour accéder aux différentes significations des signaux.

Projets FPGA pour les Électroniciens

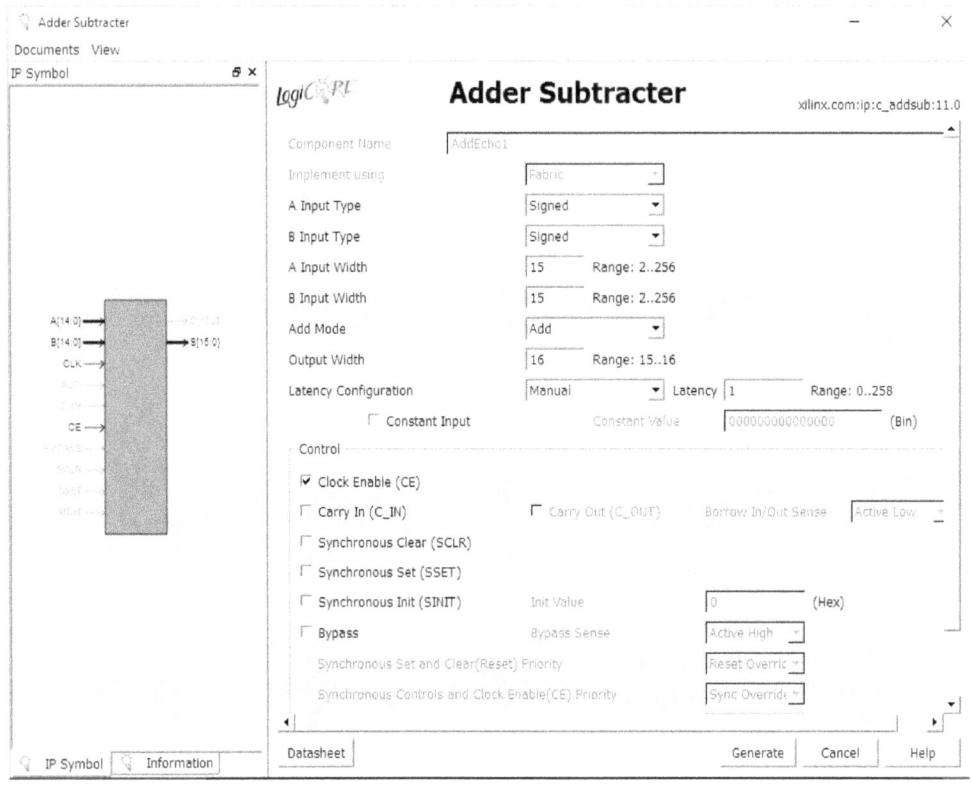

Etape 6 : Définissez les paramètres et appuyez sur « Generate »

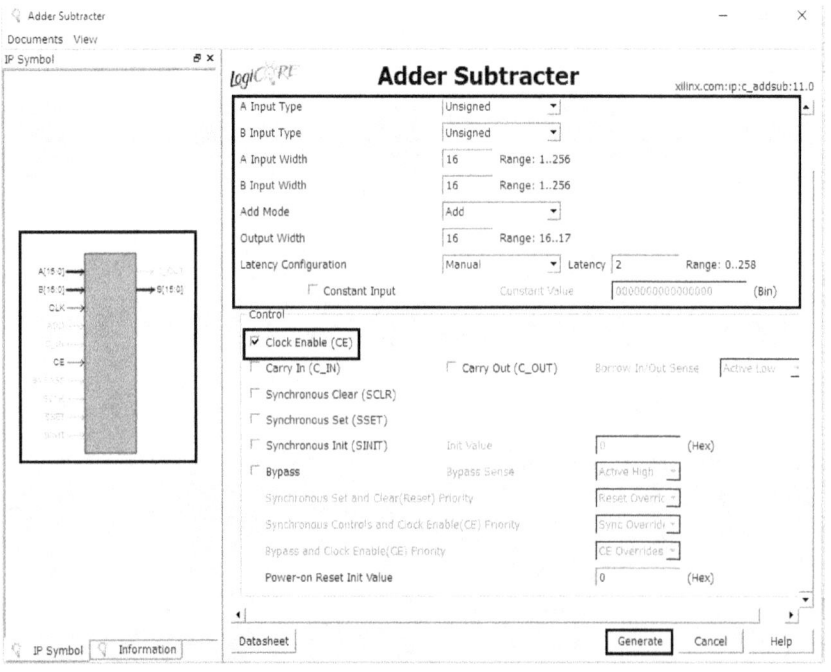

1. Comment utiliser un IP ?

Après avoir cliqué sur « Generate » et une attente de quelques dizaines de secondes, le composant « AdderEch » apparaît en bas du fichier principal du projet (entité).

Etape 1 :

- Cliquez sur « AddEcho » **(1.1)**
- Double clic sur « View HDL Instantiation template » **(1.2)**

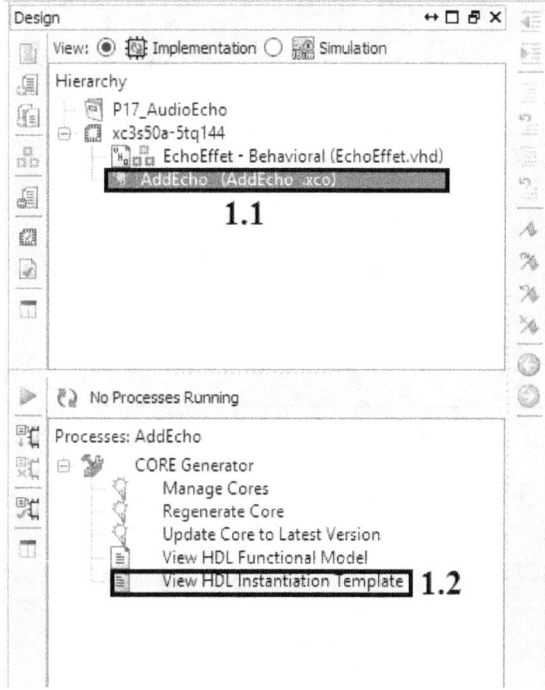

Après avoir cliqué sur « View HDL instanciation template », une fenêtre apparaît à droite.

Etape 2 : Copiez l'entité et le code d'instanciation du composant

Les deux bouts de codes seront utilisés dans l'entité du projet global et On verra dans la suite l'emplacement.

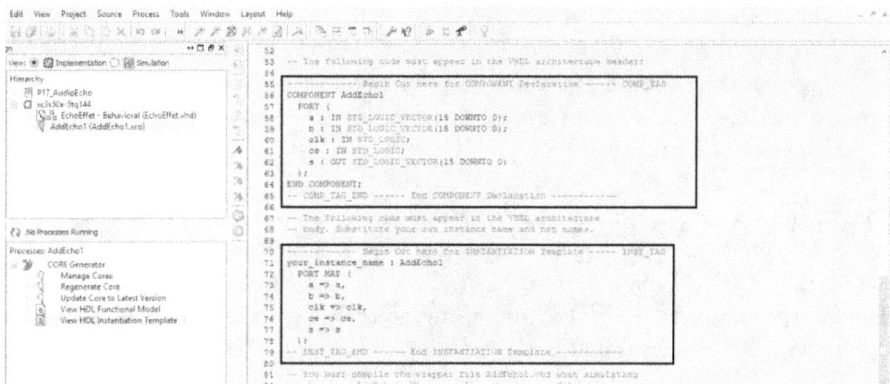

Etape 3 :

- Collez l'entité AddEcho dans le fichier principal (entre architecture et begin)

```vhdl
 2  use IEEE.STD_LOGIC_1164.ALL;
 3
 4
 5
 6  entity EchoEffet is
 7      Generic (N : positive := 16);
 8
 9      Port ( Rst : in  STD_LOGIC;
10             Clk : in  STD_LOGIC;
11             En : in STD_LOGIC;
12             D_in : in  STD_LOGIC_VECTOR (N-1 downto 0);
13             D_delay_out : out  STD_LOGIC_VECTOR (N-1  downto 0));
14  end EchoEffet;
15
16  architecture Behavioral of EchoEffet is
17
18
19  COMPONENT AddEcho
20    PORT (
21      a : IN STD_LOGIC_VECTOR(N-1 DOWNTO 0);
22      b : IN STD_LOGIC_VECTOR(N-1 DOWNTO 0);
23      clk : IN STD_LOGIC;
24      ce : IN STD_LOGIC;
25      sclr : IN STD_LOGIC;
26      s : OUT STD_LOGIC_VECTOR(N-1 DOWNTO 0)
27    );
28  END COMPONENT;
29
```

→ Collez le code d'instanciation (au cœur de l'architecture) avec des signaux d'instanciation à définir. Vous définissez ensuite, un nom quelconque pour l'additionneur :

```vhdl
46  begin
47      Add : AddEcho
48          PORT MAP (
49              a => D_in_tmp,
50              b => D_in_delay,
51              clk => Clk,
52              ce => En,
53              sclr => Rst,
54              s => D_delay_out_tmp
55          );
```

Comment implémenter un retard sur FPGA ?

Pour avoir un effet d'écho ou d'ambiance, le retard doit être quelques dizaines de ms. Pour une mémoire de 1024 échantillons sur 16 bits, avec une fréquence d'échantillonnage de 44.1 KHz, le retard vaut 23,2ms.

Le problème qui se pose, comment déclarer toutes les cases d'une mémoire de 1024 mots sur 16 bits à chaque coup d'horloge. L'implémentation manuelle de la solution, nécessite une mise à jour de tous les échantillons de la mémoire (tâche gourmande en ressources). La solution envisageable, est l'utilisation d'une mémoire FIFO (First In First Out) avec une fréquence de lecture et d'écriture identiques.

L'outil IP Core, contient un IP pour la synthèse de la FIFO. L'inconvénient de la solution, est la gestion des deux indicateurs (mémoire vide et mémoire pleine). La solution nécessite une machine à état supplémentaire pour la gestion des flags.

Néanmoins, il existe une autre solution plus simple. Cette dernière, consiste à l'utilisation d'une mémoire vive RAM avec un registre à décalage intégré. L'avantage de la mémoire, est le décalage des échantillons qui est automatique à chaque coup d'horloge et la profondeur de la mémoire défini la taille du retard. Ci-dessous, vous avez la fenêtre de l'IP et vous pouvez itérer les mêmes opérations illustrées précédemment pour synthétiser le retard.

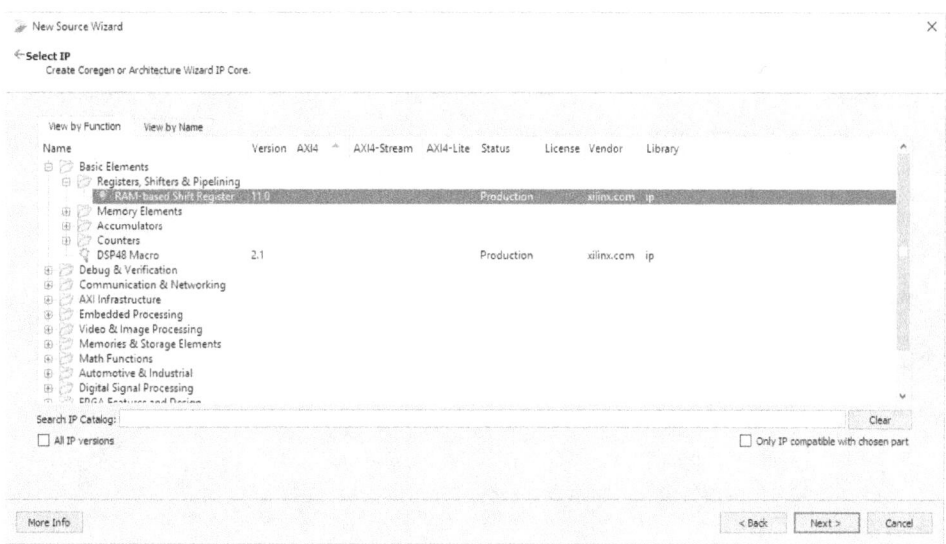

3.10.2.3. Programme

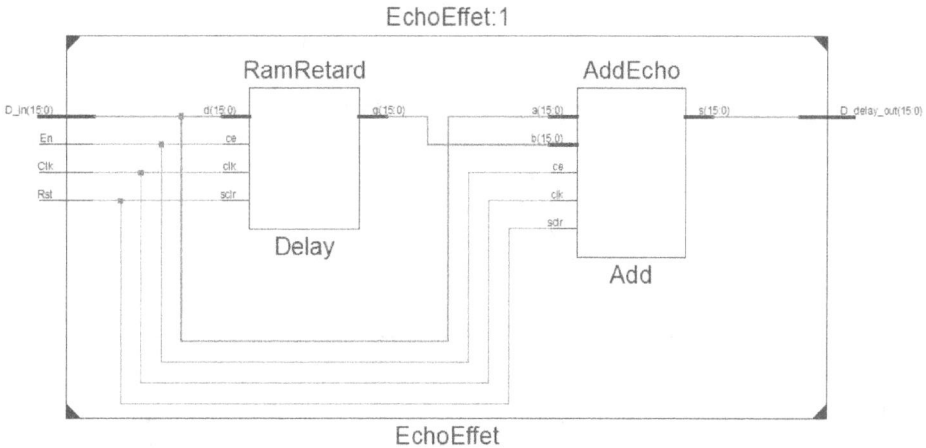

Figure 145 : Schéma RTL d'instanciation du générateur d'écho

```vhdl
library IEEE;
use IEEE.STD_LOGIC_1164.ALL;


entity EchoEffet is
     Generic (N : positive := 16);

    Port ( Rst : in  STD_LOGIC;
           Clk : in  STD_LOGIC;
           En : in  STD_LOGIC;
           D_in : in  STD_LOGIC_VECTOR (N-1 downto 0);
           D_delay_out : out  STD_LOGIC_VECTOR (N-1  downto 0));
end EchoEffet;

architecture Behavioral of EchoEffet is

COMPONENT RamRetard
  PORT (
    d : IN STD_LOGIC_VECTOR(N-1 DOWNTO 0);
    clk : IN STD_LOGIC;
    ce : IN STD_LOGIC;
    sclr : IN STD_LOGIC;
    q : OUT STD_LOGIC_VECTOR(N-1 DOWNTO 0)
  );
END COMPONENT;
signal D_in_delay :    STD_LOGIC_VECTOR (N-1 downto 0):=(others =>'0');
signal D_in_tmp :    STD_LOGIC_VECTOR (N-1 downto 0):=(others =>'0');
signal D_delay_out_tmp :    STD_LOGIC_VECTOR (N-1  downto 0):=(others =>'0');


COMPONENT AddEcho
  PORT (
    a : IN STD_LOGIC_VECTOR(N-1 DOWNTO 0);
    b : IN STD_LOGIC_VECTOR(N-1 DOWNTO 0);
    clk : IN STD_LOGIC;
    ce : IN STD_LOGIC;
    sclr : IN STD_LOGIC;
    s : OUT STD_LOGIC_VECTOR(N-1 DOWNTO 0)
  );
END COMPONENT;

begin

    Delay: RamRetard
    PORT MAP (
        d => D_in,
        clk => Clk,
        ce =>En,
        sclr => Rst,
        q => D_in_delay
    );

    Add : AddEcho
    PORT MAP (
        a => D_in_tmp,
        b => D_in_delay,
        clk => Clk,
        ce => En,
        sclr => Rst,
        s => D_delay_out_tmp
    );

  D_in_tmp <= D_in;
  D_delay_out <= D_delay_out_tmp;

end Behavioral;
```

Note : Pour des raisons de simplification, pour avoir un écho accentué, la valeur de l'atténuation est fixée à '1' (absence de l'atténuation) et ce choix peut engendrer un débordement de l'additionneur. Il est recommandé, d'utiliser une sortie d'additionneur sur 17 bits.

Quand on utilise une sortie sur 16 bits, la qualité du signal de la sortie audio, est relativement bonne.

3.10.2.4. Simulation

La simulation du composant « AddEcho » nécessite la préparation des échantillons du fichier audio. Cette étape, consiste à la lecture d'un fichier audio (mp3, wav, …) par matlab. Ensuite, l'écriture des échantillons dans un fichier texte « audio_in.txt ».

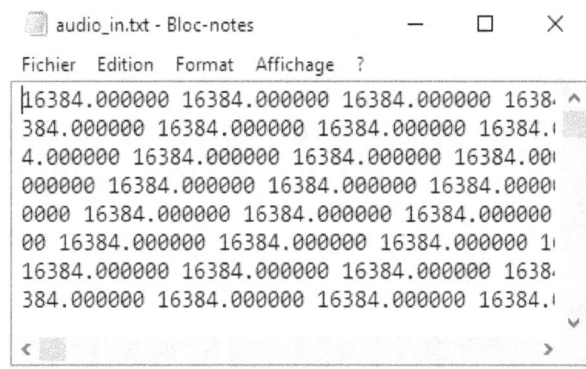

Figure 146 : Contenu du fichier texte audio_in.txt

Le fichier audio « audio_in.mp3 », doit être disponible dans le dossier du projet ainsi que le script matlab de lecture. Ci-dessous, le contenu du script :

```
clear all;
close all;
clc;

% Lecture du fichier audio
[Y, FS]=audioread('audio_in.mp3');

    % FS = 22050 Hz
    % Taille 153840 échantillons

% Conversion double en entier non signé sur 16 bit
y_D = uint16(((Y+1)/2)*(2^15-1)); % wav 16 bits

% Ecriture dans le fichier audio_in.txt
N = length(y_D);
fileID = fopen('audio_in.txt','w');
for i =1:N
    fprintf(fileID,'%f \n',double(y_D(i)));
end
fclose(fileID);
```

La fonction « audioread » permet de lire un fichier audio. Elle retourne deux variables :

$$[Y, FS]=audioread\ ('audio\_in.mp3');$$

La fréquence d'échantillonnage FS, dans le cas du fichier actuel, est égale à 22050 Hz. Le nombre des échantillons du fichier audio est de 153840.

Remarque : La variable Y, est un tableau unidirectionnel de taille 153840 (audio mono) et bidirectionnel dans le cas d'un audio stéréo. La dynamique de Y varie entre -1 et +1 en format double (flottant).

Le générateur d'effet écho est sur 16 bits non signé. Donc, l'entrée D_in (échantillons d'entrée) doit être comprise entre 0 et $2^{16}-1$(65535). Ci-dessous, la syntaxe de mise en échelle du vecteur Y :

$$y\_D = \text{uint16} (((Y+1)/2)*(2^{15}-1));$$

- L'expression $(Y+1)/2$ varie entre 0 et 1
- L'expression $(Y+1)/2*(2^{15}-1)$ varie entre 0 et 32767 (15 bits)
- L'expression $(Y+1)/2*(2^{16}-1)$ varie entre 0 et 65535 (16 bits)

Note : La somme de deux nombres codés sur 15 bits, doit être codée sur 16 bits (15 + 1 bit pour la retenue). D'ou la multiplication par $2^{15}-1$ au lieu de $2^{16}-1$. Ci-dessous, l'allure d'Y et y_D en fonction du temps :

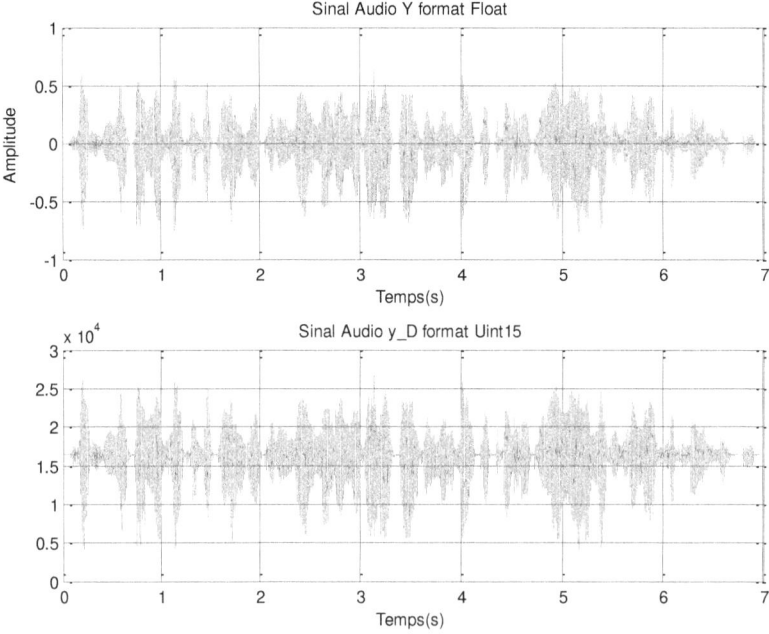

Figure 147 : Signal audio avant et après le codage sur 16 bits entier non signéSimulation de l'entité

Le fichier tesbanch de l'entité EchoEffet, contient plusieurs processus et on distingue deux processus importants :

- Processus de lecture du fichier audio : Récupérer à chaque coup d'horloge, un échantillon dans le fichier texte audio_in.txt et ensuite l'affecter à l'entrée D_in

- **Processus d'écriture** : Ecrire à chaque coup d'horloge, la sortie D_out dans un fichier texte audio_out.txt

Note : Le fichier de simulation s'arrête, quand le nombre d'échantillons acquis est égal au nombre maximal d'échantillons.

```vhdl
LIBRARY ieee;
USE ieee.std_logic_1164.ALL;
use std.textio.all;
use ieee.numeric_std.all;
use ieee.math_real.all;
use std.env.all;
use ieee.std_logic_unsigned.all;


ENTITY tb_EchoEffet IS
END tb_EchoEffet;

ARCHITECTURE behavior OF tb_EchoEffet IS

    -- Déclaration du composant

    COMPONENT EchoEffet
    PORT(
         Rst : IN  std_logic;
         Clk : IN  std_logic;
         En : IN  std_logic;
         D_in : IN  std_logic_vector(15 downto 0);
         D_delay_out : OUT  std_logic_vector(15 downto 0)
        );
    END COMPONENT;


   -- Entrées
   signal Rst : std_logic := '0';
   signal Clk : std_logic := '0';
   signal En : std_logic := '0';
   signal D_in : std_logic_vector(15 downto 0) := (others => '0');

   -- Sorties
   signal D_delay_out : std_logic_vector(15 downto 0);

   -- Période d'horloge - 22050 Hz
   constant Clk_period : time := 45.35 us; -- 1/22050

   -- Signaux des fichiers
   signal     EndOF : std_logic := '0';
   signal     Data_write1 : real;
   signal     Data_write2 : real;
   signal     Data_read_1 : real;
   signal     Data_read_int : integer;
   signal     NumLin : std_logic_vector(23 downto 0):=x"000001";
BEGIN
    -- Instanciation
   uut: EchoEffet PORT MAP (
          Rst => Rst,
          Clk => Clk,
          En => En,
          D_in => D_in,
          D_delay_out => D_delay_out
        );

   -- Processus d'horloge
   Clk_process :process
   begin
        Clk <= '0';
        wait for Clk_period/2;
        Clk <= '1';
        wait for Clk_period/2;
   end process;

   En <= '1';
   Rst <= '0';

   --Processus de lecture
   P_read : process (Clk)
   file     IDfileIn : text is in "audio_in.txt";
   variable  inline  : line;
   variable  Data_read : real ;
   begin
```

```vhdl
            if Clk = '1' and Clk'event then
                if (not endfile(IDfileIn)) then
                    readline(IDfileIn, inline);
                    read(inline, Data_read);
                    Data_read_1 <= Data_read;
                else
                    null;
                end if;
            end if;
    end process P_read;
    Data_read_int <=integer(Data_read_1);
    D_in <= std_logic_vector(to_unsigned(Data_read_int, 16));

    -- Processus d'écriture
    P_write1 : process (Clk)
    file     IDfileOut : text is out "audio_out.txt";
    variable outline   : line;
    begin
        if Clk = '1' and Clk'event then
                write(outline, Data_write1, right, 16, 12);
                writeline(IDfileOut, outline);

                NumLin <= NumLin + 1;
        end if;
    end process P_write1;
    Data_write1 <= real(to_integer(unsigned(D_delay_out)));

    --Processus de fin de simulation
    Stop_sim :process (NumLin)
    begin
        if NumLin = x"0258F0" then  -- 258F0(153841)
            assert false
            report "Fin de simulation"
            severity failure;
        end if;
    end process ;
END;
```

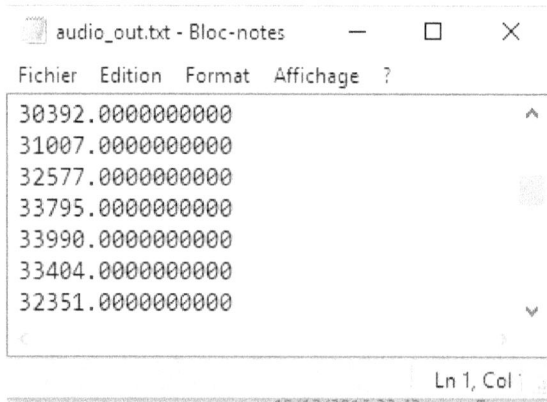

Figure 148 : Contenu du fichier de sortie audio_out.txt

Un script matlab est utilisé pour lire le fichier texte oudio_out.txt et ensuite créer un fichier audio de format « .wav » en sachant que la fréquence d'échantillonnage est la même (22050 Hz). Ci-dessous, le script matlab de la lecture et la génération du fichier audio :

```
clear all;
close all;
clc;
```

```
% Lecture du fichier après traitement (D_out)
fileID = fopen('audio_out.txt','r');
y_D_0 = fscanf(fileID, '%f');
y_D_echo =(2*y_D_0/(2^16-1)) - 1;
fclose(fileID);

% Création du fichier audio
FS = 22050;
audiowrite('audio_out.wav',y_D_echo, FS);
```

Remarque : Le fichier texte oudio_out.txt contient les échantillons de sortie D_out.

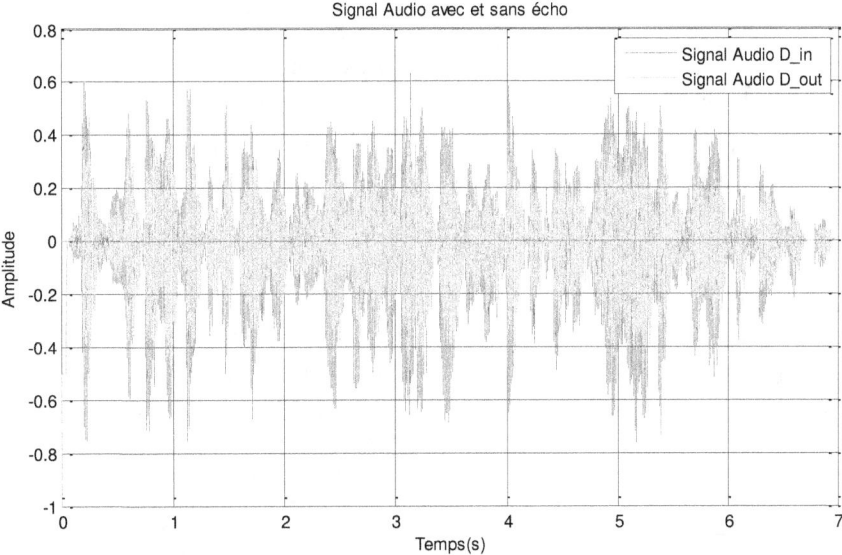

Figure 149 : Signal audio avec et sans écho (D_in & D_out) en fonction du temps

Les deux signaux ont les mêmes variations avec une légère différence en amplitude qui est due à l'effet écho.

On constate également, que le circuit prend du retard au démarrage et c'est le temps nécessaire pour le remplissage de la mémoire de taille 1024. La taille de la mémoire induit également un léger décalage entre l'entrée D_in et la sortie D_out (voir la figure ci-dessus).

4. Index

A

Accumulation 126
Acquisition 106
Adaptateur 42
ADC 169, 170
Additionneur 21, 125, 174
Alarme 142
Aléatoire 76, 78, 101, 114, 115, 117, 121
Amplificateur 91, 93, 129
Anode 22, 81
Anti-repliement 169
Audio 6, 8, 11, 44, 45, 46, 67, 169, 170, 172, 179, 180, 181, 182, 183, 184

B

Balayage 66
Bascules 31, 47, 55, 71, 94
BCD 9, 80, 81, 82, 83, 84, 85, 86, 88, 163
Bouton 32, 50, 62, 75, 87, 112
Boutons-poussoirs 166

C

Canal 45, 114
Capteurs 5, 30, 114, 137, 157
Cathodes 81
Chiffrement 114
Codage 33, 34, 81, 83, 86, 169, 181
Combinatoire 23, 25, 34, 35, 37, 39, 48, 53, 84, 85, 104
Commandes 44, 45, 89, 90, 93, 94
Comparateur 11, 106, 114, 128, 129, 134, 158, 159, 161, 162
Compteurs 71, 114, 115, 117
Concaténation 115
Converter 169, 170
Cyclique 157, 158, 159, 160, 162, 166

D

DAC 169, 170
Darlington 91, 92
Datasheet 43, 64, 174
DDR 39
Delay 171, 172, 179, 182, 183
Demi-pas 89, 90, 93, 94, 99
Digital-to-Analog 169, 170
Diviseur 41, 78, 89, 93, 123, 157, 159
Driver 9, 61, 64, 66, 76, 89, 90, 91, 92, 93, 166, 167
Décodeur 9, 80, 81, 82, 83, 84, 86, 88, 163
Dépassement 128, 129, 131, 136
Détecteurs 6, 100, 114, 137

E

Echo 6, 184
Elbert 5, 8, 38, 42, 43, 44, 48, 49, 50, 51, 58, 62, 64, 66, 68, 71, 89, 101, 105, 150, 153
Electronics 12
Estimation 114

F

Fclose 121, 180, 184
Ferromagnétique 157
Filtrage 6, 45, 100, 114, 129
Flottant 117, 118, 120, 181
Fluctuations 121
Fopen 121, 180, 184
Formatage 118, 120
Fscanf 121, 184
FSM 7, 29, 36

G

Gate 7, 12, 13, 14, 38
Generator 114, 172, 173
GPIO 67
Générique 5, 25, 33, 52, 53, 56, 101, 114

H

Hacheur 160
Hardware 12
Haute-résolution 170
Header 67, 68, 99, 136, 153, 154, 166
Horloges 41, 93

I

Imagerie 169
Implimentation 9, 10, 11, 62, 86, 104, 123, 135, 166
Impulsions 142

Incrémentation 102
Indicateur 101, 108, 125
Instanciation 11, 25, 28, 29, 57, 73, 85, 97, 109, 120, 132, 141, 150, 164, 176, 182
Interface 8, 42, 43, 44, 46, 49, 58
Interrupteur 86, 135

J

Jack 42, 45
JTAG 39, 42, 50

K

Kb 170
Kbits 39, 40

L

Lampes 138
Laplace 156
Latches 14
Lattice 12
Layout 7, 13, 14
LEDs 42
Linux 43
LSB 52, 106
LVCMOS 38, 64, 66, 67, 68, 75, 87, 99, 105, 113, 135, 136, 153, 154, 168
LVTTL 38

M

Machines 5, 7, 29, 31
Magnétiques 156, 157
Matlab 121, 180, 183
Matrice 64
Maximal 18, 39, 117, 123, 157, 182
Mealy 7, 31, 32, 33
Mesure 13, 40, 56, 100, 114
Micro 8, 42, 44, 45, 66
Microcontrôleur 43, 49, 137
Minimal 100
Mixage 169, 170
Mixeur 155
Modulo 94, 106, 115
Monostable 142
Moteur 5, 6, 9, 11, 42, 89, 90, 91, 93, 94, 98, 99, 155, 156, 157, 158, 160, 161, 162, 166, 167, 168
Multi-entrées 41
Multi-niveau 45
Multi-transitions 146
Multiplexé 46
Multiprocessus 5, 24, 56

N

Naturel 72
Netlist 14
Numériseur 169

O

Optimale 62
Oscilloscope 136
Oudio 183, 184

P

Package 16, 17, 20
Potentiomètres 138, 159
Prototypage 38, 42
Précision 25, 31, 79, 89, 93, 94, 124
Pseudo-aléatoire 10, 114, 121
PULLUP 67, 68, 87, 99, 105, 113, 135, 153, 154, 168
PWM 6, 11, 45, 46, 155, 157, 158, 159, 160, 161, 162, 164, 165, 166, 167, 168

Q

Quantification 169
Quartz 47

R

Radar 169
Random 114
Readline 183
Rebonds 84, 139
Resynchronisation 14
Right 118, 120, 134, 183
Rotation 90, 93, 95, 115, 155, 158, 161, 162
Récepteur 106
Régulateur 43
Réinitialisation 8, 35, 52, 53, 54, 58, 61, 70, 72, 74, 75, 92, 100, 101, 102, 103, 104, 107, 112, 135, 172

S

Servomoteur 157
Seuillage 114, 129, 130, 133

Shannon 170
Skew 8, 41
Soustracteur 174
Spartran 5, 7, 8, 38, 39, 40, 42, 43, 47, 48, 51, 62, 64, 65
Stator 156, 157
Surcharges 128
Surveillance 128, 137, 169
Synchronisation 13, 14, 44, 45, 84, 117
Sérialiseur 6

T

Temporisateur 10, 138, 142, 143, 144, 150, 153
Température 14, 138
Tension 14, 43, 64, 81, 90, 128, 138, 157, 158, 159
Testbanch 58, 59
Transistor 46
Transmission 106, 155
Transtypage 19
Triangulaire 11, 155, 158, 159, 161, 162
Télécommandes 106
Télécommunication 38, 114
Télévision 38

Langage C et VHDL pour les débutants

Broché: 276 pages
Édition 7 février 2016
Langue : Français
ISBN-10: 1523937696
ISBN-13: 978-1523937691
Electronique-mixte.fr

www.ingramcontent.com/pod-product-compliance
Lightning Source LLC
Chambersburg PA
CBHW062214220526
45471CB00009B/3203